U0160183

从建筑材料到形式表达
——尺度视野中的建筑世界

孙石村　魏泽崧　　著

天津大学出版社
TIANJIN UNIVERSITY PRESS

图书在版编目（CIP）数据

从建筑材料到形式表达—尺度视野中的建筑世界 /
孙石村，魏泽崧著 . —天津：天津大学出版社，2023.1
ISBN 978-7-5618-7373-1

Ⅰ . ①从… Ⅱ . ①孙… ②魏… Ⅲ . ①建筑史—研
究—世界 Ⅳ . ① TU-091

中国版本图书馆 CIP 数据核字（2022）第 246991 号

CONG JIANZHU CAILIAO DAO XINGSHI BIAODA
—CHIDU SHIYE ZHONG DE JIANZHU SHIJIE

出版发行	天津大学出版社
地　　址	天津市卫津路 92 号天津大学内（邮编：300072）
电　　话	发行部：022-27403647
网　　址	www.tjupress.com.cn
印　　刷	廊坊市瑞德印刷有限公司
经　　销	全国各地新华书店
开　　本	787 mm×1092 mm 1/16
印　　张	9
字　　数	223 千
版　　次	2023 年 1 月第 1 版
印　　次	2023 年 1 月第 1 次
定　　价	55.00 元

目 录

第1章 引文

We must remember that everything depends on how we use a material, not on the material itself ... We must be as familiar with the functions of our buildings as with our materials. We must learn what a building can be, what it should be, and also what it must not be...

——From his inaugural address at the Illinois Institute of Technology, Ludwig Mies van der Rohe, 1938

"我们必须记住，一切都取决于我们如何使用材料，而不是材料本身……我们必须对建筑的材料和功能同样熟悉。必须了解建筑能是什么，该是什么，不能是什么……"

——路德维希·密斯·凡·德·罗 1938 年在伊利诺伊工学院的就职演说

1.1 建筑的困惑

当代建筑形式发展中涌现出的图像化、表皮化、网络化以及非线性的趋势正在强烈冲击着传统建筑观念中那些质朴的逻辑关系。作为对这种多元混杂现象的因应，近年来建筑设计领域出现一种向材料回归的趋势，试图在无序的潮流中，寻求一条来自建筑本源的抵抗之路。如果在建筑历史中确实存在可以追溯的线索，那必然非材料莫属。对于当代文化所折射出的科技和社会的变动趋势，建筑学应该做出积极回应，应当从外部而非理论推演获得进步的动力。

用地方化的坚持对抗资本和工业化的侵蚀，用手工艺的个性对抗大规模制造的平庸，注定是一场堂吉诃德式的悲剧。彼时现代主义建筑的初衷是从大众的利益出发，反抗形式的霸权，如今它却成为与资本合流的形式偶像，以至于不得不靠唤醒沉睡的古典主义、地方主义和手工艺来追求个性特征。这不由让人反思：对现代主义的批判意义何在呢？不得不承认，建筑学已经失去了早期现代主义那种从社会现实中寻求形式变革的动力，我们需要对其发展进行深入思考。

在《现代建筑：一部批判的历史》中，肯尼斯·弗兰姆普敦根据当时社会的生产和消费方式曾提出了迎合和反对两种态度。令人惊奇的是，在 21 世纪的前十几年中，这两种态度确实在不同方向同时推动着建筑学的发展。王澍、卒姆托等人以基地和环境为出发点的创作已经得到普遍的承认，而雷姆·库哈斯、扎哈·哈迪德等人的巨型建筑也反映了另一种社会需求，如果承认建筑学以外有更宏大的力量，就可以从各种限制中寻求建筑学的机会。形式不仅是社会关系的反映，更依赖建造方式的更新。当今的建筑学开始反思以空间为主角的观念，转而重视材料和建造的价值。建构就是很好的切入点，有利于梳理形式之间的表现了从材料到物质建构进而到文化领域的投射分歧，把当代建造与 19 世纪以前对材料和形式的探索联系起来，延续建筑学内在的规定性。材料双重掩蔽的模式见图 1-1。

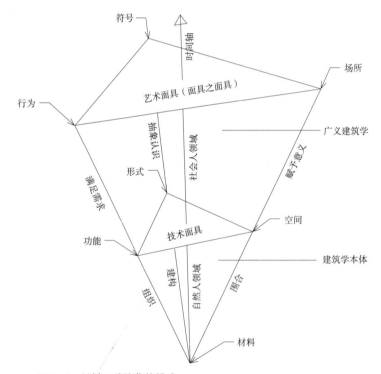

图 1-1　材料双重掩蔽的模式

真实和表达的问题是建筑学当中由来已久的问题。问题背后隐藏的分歧是对材料本质的定义，在不同论点的表述中，多重要素纠缠在一起难以辨析。实际上，材料具有双重身份，既有功能性——这是建构的基础，同时又有表达性——具备视觉的要素。材料的建构形式和建筑的表现形式常常被等同起来，这是产生分歧的关键原因。

1. 材料的真实与表达——"真与假"的问题

17 世纪，克劳德·佩罗把建筑的形式美分解为"实在美"和"任意美"，他认为"实在美"是基本的，"任意美"与人的习惯有关。这种美的二分法相对于古典时代以形式为本质的思想是一种进步，强调了真实性，把再现看作一种补充。这种倾向在 18 世纪德国的森佩尔那里发生了转变，他把再现看得比建造本身更重要，因为人们体验到的美并不依赖本体的"实在"，再现才是艺术的动因。相比之下，法国的维奥莱-勒-迪克（Viollet-le-Duc）从理性出发，认为本体的真实就是美本身，而阿道夫·路斯则对材料的本体与再现的一致性有偏执的坚持。现代主义的出场终于让这个争论告一段落，似乎"真"已经成为"美"的教条。

但实际上，现代建筑所依据的视觉艺术理论已经证明，本体与再现反映了人与建筑互动的过程。现象学意义上的真实是知觉的真实，所谓真实的美不是无条件自动表露的，是人的知觉完形的结果。本体的遮蔽和材料的替代并不是因为"假"而表现得"丑"，而是因为这种"模拟"与特定材料的尺度难以契合，而这种尺度体系是依靠知觉在材料转换过程中建立的。

2. 材料的尺度差异——大与小的问题

对与材料相关的课题的研究往往存在技术与形式脱节的问题，研究技术的无视材料的表达，研究形式的只注重表现，而不管这种表现基于何种材料尺度。材料的表现不是无条件的，我们常说石材就应该恒久稳固，对于金字塔的巨石也许如此，但是海边的沙子也是石，它的恒久稳固又在哪里呢？美国理论家戴维·莱瑟巴罗说过："所谓材料的本性，正是经由人类的活动方才得以形成，并得以彰显……因此假如本性指的是独立于人类活动而自足存在的一种属性，那么我们的结论是，这种木性在建筑中是不存在的，也根本不可能存在的。"这是对所谓抽象本性的深刻批判，意在说明本性彰显不是无条件的[1]。

实际上，材料本性也并非一定要求由人类活动彰显，自然一样可以暴露其本性，材料属性在特定的尺度下表现出来才成为本性。一片雪花从空中飘落是它的本性，上千片聚合在一起就变成坠落。地球的重力、空气的阻力都会对不同尺度的材料施加不同的作用，这样，我们就看到了特定尺度下材料的本性。因此，说起建构，不能不谈材料的尺度，如果不强调材料的时代局限和技术价值，只泛泛谈手法，建构就成了一种炫技的行为。当前许多建构理念过于强调地方性和人情化的影响，沉溺于强迫症式地使用地方材料，突出所谓的土制方法，把建造的过程搞成类似于巫术的仪式。相反，一些身处设计和技术革新前沿的建筑师则一味依靠工业制造商实现想法，而不是基于现实需求去做深入研究。

1.2 开放的材料观

1. 材料的开放性

针对上述问题，可以在一个发展的框架内重新理解材料，从技术角度再现材料层次性的存在方式和形式演变，用一种历史的、发展的眼光认识材料。辩证唯物主义认为物都具有内在的结构性，物是以结构的形式存在的。与材料概念的开放性对立的是材料概念的封闭性，那种把材料概念封闭起来，认为材料属性是材料附属物的概念应当被摒弃。因此，孤立地使用材料，简单地把材料作为标签使用或者滥用材料，把材料看作图像化的布景都是不恰当的，开放的材料观需要打破材料和结构之间的界限，把材料的结构和表现在特定的技术场景中联系起来，建立材构一体的观念。

开放的材料观的另一重含义是用层次化的观点解读材料。尽管各种材料性状不一，但是它们在自然界中受到作用的方式是一致的，因此材料在组织的过程中表现出的关系也是一致的。比如材料在放大和缩小的尺度变化中，质量和表面积会按照平方 - 立方定律（Square-cube Law）的指数规则变化，而不是按照简单的线性关系变化，这就验证了在尺度差别很大的建筑之间进行形式沿袭是一种逻辑谬误。从建筑学的视角，应该把这些形式变化抽象为层次表达的关系，而不是自然事物的单纯描述。

开放的材料观最后强调的是建筑形式是材料（"物"）和知觉（"人"）之间的联系。在建筑学中，形式是不能脱离材料的物质性存在的，所有形式的产生和演变都是物质应对自然力的结果，因此必然带有自然的烙印。与之对应，认知和评价建筑形式的是人，人的视觉是在进化中形成的基于生理的系统感觉，会无意识地用符合人类心理的方式去匹配形式，而这种无意识与材料的物质真实性没有一一对应的联系。因此，形式包含了物的建造和人的识别两重关系。

2. 从真实到形式的投射

本书并不涵盖建筑学中文化的差异与传承。图 1-1 可以解释材料和建构的关系，以及材料和建构在建筑学中的多重身份。在特定的社会，不借助形式语言表达的建筑是不存在的，因此图中所示的模式实际是一个在时间轴上连绵不绝的投射，技术的形式建构过程必然与历史符号的演化交织在一起。建筑师当然不可能剥离自己的社会属性和个人好恶进行建筑设计，但是在形式的研究中却可以去除符号的文化特征进行形式还原。我们只有回到建造的过程中，才能把材料和形式的内在关系呈现出来。一旦某种材料通过建构产生了特定的图示，并实现知觉完形，形式就转化为符号，风格随之产生，并成为广义建筑文化的一个部分。

材料并非和形式一一对应，物是有形式的质料，但质料并不对应唯一的物，因此形式虽然是依据材料的特性产生的，但是又不是按照庸俗唯物主义原则由材料自己生成的，那么建构的过程是什么呢？肯尼斯·弗兰姆普敦称之为诗意的建造，这个定义形成了循环论证，因为诗也是语言的一部分，必须借助符号来呈现，这正是建构理念所反对的。

我们不妨考察密斯在柏林新国家美术馆的设计中对节点的探索，为了达到节点尺度的一致，他甚至采用合金控制不同部位的强度以保证构件的统一。无独有偶，路易斯·康（简称康）在理查德医学实验楼中也为楼层构件截面受力变化煞费苦心，他们都没有让材质对应的形式按照需要原原本本地呈现，而是在材料性能极限范围内进行视觉上的调整，创造了一套自洽的系统。至此，我们可以把所谓"诗学"归于各艺术门类共同的工具——视觉完形。广义的艺术，无论是陶瓷绘制还是家具和服装设计等，都把视知觉作为其核心。视知觉是视觉心理学的一部分，是从远古进化来的生物直觉系统，无论年轻人还是老年人，中国人抑或外国人，都表现出同样的视觉认知特征。这样，形式评判就不再使观赏者之间因为文化差异而产生对立，而成为自然人之间的感觉沟通。

1.3 探索与回顾

1. 从理性到经验的趋向

对材料的认识始终伴随着感觉和真实的对立，西方哲学中理性与经验之辩是这个问题的源头，最早的柏拉图对形式的感觉抱有怀疑态度，而到了亚里士多德，建造过程已成为真实且不可缺少的部分。他说："房子的设计，或者房子本身，有着这样或者那样的形式；因为这样或者那样的形式，建造的过程才采取了这样或者那样的方式。所以，演化的过程只是为了抵达事物的最终目标，不是最终目标为了演化的过程。"

在南京的国际研讨会中，米切尔·席沃扎（Mitchell Schwarzer）在《建构学的哲学》（*The Philosophy of Architectural Tectonics*）中强调了西方观念中机械艺术与自由艺术观念的对立，他指出建造的过程一直以来被视作机械的、低级的艺术。西方传统观念中对感觉的怀疑与排斥，与古希腊早期原子论中的材料观念密不可分，那种把物质从原子层级就规定了性质的机械观念不可能对建造中材料的变化产生深刻理解。

中世纪人们认为物种作为创世宏图的一部分，不会随时间而改变。一只绵羊过去、现在以及将来永远是一只绵羊。在这种理性驱使下，即使人们认可建筑形式从经验的过程中来，也不会把材料的真实性与形式区分开来。对中世纪建筑倍加推崇的法国著名建筑理论家维奥莱-勒-迪克在其所著的《建筑学讲义》中对材料和结构的关系做了清晰论述。这种无法摆脱的真实意味着木就是木，石也永远是石，人们只能按照其固有的形式使用它们而不是在使用中创造形式。

把材料的物性和形式区别开来是材料观念的重要演进，这是 18 世纪科学发展的结果，伽利略（Galileo）在《关于两门新科学的对话以及数学证明》的材料力学部分把力的关系用图示法表示，从而可以把形式从材料中剥离出来单独研究。在哥特与希腊风格之辩中，材料理性与感观开始分离。早在 1452 年阿尔伯蒂就在他的《论建筑》中提出建筑是由外形和物质组成的实体。随着材料的发展以及人们对希腊文化的考古研究的深入，19 世纪德语区出现了不少关注材料的建筑理论家，通过对希腊形式的诠释，德国古典主义建筑大师卡尔·弗里德里希·辛克尔（Karl Friedrich Schinkel）在《建筑学教程》中指出：艺术史教导我们不要去抄袭历史，而是创造出告别历史的东西，每件艺术作品都是新历史的开始。卡尔·博提舍（Karl Bötticher）在此基础上提出将形式分为核心

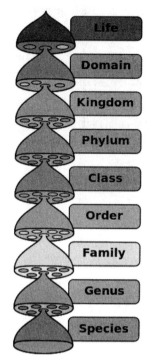

图 1-2 林奈对自然的分类归纳

形式与艺术形式。

2. 从材料之别到建造差异

18 世纪两位神甫洛多利和洛吉耶的观点占据了材料对立观念的两级，洛吉耶的著作《洛吉耶论建筑》在探讨建筑原型的概念中具有开创性，洛多利强调材料的形式起源于材料的差异，而洛吉耶则强调形式产生的逻辑思辨过程。18 世纪以来，材料真实与表现的对立发展推动了人类的经验与逻辑思辨之争。约瑟夫·里克沃特的《亚当之家》是回溯建筑起源、探求形式与材料内在关系的著作，在多种建筑起源理论的比较中，厘清了不同哲学认识论指导下的材料与形式观；在形式来源问题上，强调了形式从材料的真实中产生并超越真实的实证态度。

1735 年，卡尔·林奈史诗般的巨著《自然系统》问世了，强调了在他的分类学中，跨越矿物、动物、植物三界的一切事物都在一个包含种和类的系统中，不同程度的差别使它们产生了层次（图 1-2），这是自然真实的状态。之后达尔文的研究不仅证实了林奈分类的可靠性，而且解释了这种序列产生背后的自然动因。由此，模拟自然对生物形式的作用方式，从建造中寻找动因并依此归类也就成为必然的结果，科学作用于建筑的理论，如同技术影响建筑的实践，再次证明对材料的认识水平与人类的文明同步进化。

19 世纪 50 年代，德国建筑理论家森佩尔在考古学研究的基础上提出的建筑四要素观点可视作近代建构和材料研究的开端，他的理论庞杂而多变，当时人们曾视他为结构理性主义者，但在当代他的饰面理论反而成为材料表现的理论依据。他坚持将材料和工艺结合，在英国万国工业博览会水晶宫的影响下，把科学也纳入其材料美学研究的范畴。他很早就预见了材料与建构观念中不同的研究倾向，即材料决定论、历史主义和思辨主义。

法国建筑师伯纳德·凯奇在材构一体的观念上又推进了一步，他在森佩尔建筑四要素观点的基础上做了交叉解读，这样不仅形式（动因）可以按材料建造的方式分类，而且建造方式和材料之间获得了自由的匹配关系，建造方式不再受材料

"种类"的束缚[2]。迈克尔·温斯托克（Michael Weinstock）在《建筑涌现：自然和文明形态之进化》（*The Architecture of Emergence: The Evolution of Form in Nature and Civilisation*）中指出，当代人类学已经把材料的形式看作人类能量运行的动态呈现。

3. 从被动感受到主动认知

密斯在 1938 年提出了材料的使用方式决定形式的观念，他宣告材料的差别（使用什么材料）不再是争论的焦点，材料应该如何成了问题的核心。科学在进步，人类终将认识自己，20 世纪在视觉实验基础上创立的知觉理论和视觉心理学重新理解了形式。在现代主义运动期间，包豪斯材料教学研究开启了视觉之门，其最重要的贡献来自康定斯基等人的构成主义著作——《点线面》，它也成为后来柯布西耶在建筑形式方面的思想的来源。在工业革命一个世纪的时间里，材料的性能问题已经得到解决，建筑面临的是如何完形的问题。柯布西耶的《走向新建筑》《一栋住宅，一座宫殿》和《模度》等著作，反映了形式研究由材料真实转入知觉体验的过程。他在二战期间进行了模度研究，在确定的材料体系的基础上建立图示序列并形成风格。

柯林罗在其著作《手法主义与现代建筑》（*Mannerism and Modern Architecture*）中早就指出：现代主义——无论是柯布西耶的透明性还是密斯的理性建造，实质上都是视觉主义，20 世纪材料的发展和人类对自身认知方式的理解打破了材料固有概念和形式的联系，开辟了视觉之路。1965 年爱德华·赛克勒的《结构、建构、建造》一文在现代主义空间理念之后提出了新的思考，该文延续了历史上的建构理念，从建造角度解读现代建筑，提出了一条贯穿古今的材料线索。当代材料真实建造的倾向得到了回归，肯尼斯·弗兰姆普敦的《建构文化研究：论 19 世纪和 20 世纪建筑中的建造诗学》把建构看作诗意的建造，同时也延续了森佩尔等人从材料角度对建筑的理解。这部书强调了材料的形式与建造的逻辑关系，同时也引发了人们对这种逻辑的争议[3]。肯尼斯·弗兰姆普敦重提建构文化和材料对形式的作用，目的在于强调建筑学的主体性，但是就目前理论发展而言，材料决定论尚不能解释建筑学的困惑，像 19 世纪的材料理性不能产生新形式一样，目前的建构理论也缺乏可行的操作手段。

关于材料的真实与表现之争并没有终止，科学发展也推动着人们对材料认知的深化。当代的建造实践证明：建筑师在形式塑造方面已经不拘泥于单一的材料和单一的建构方式，他们从不同层级切入建造的过程；由于材料建造技术的发展和建筑体量的扩大，建造尺度不再是单一的，而是一个序列。我们可以看到卒姆托等人在材料表达方面的探索，赫尔佐格和德梅隆对不同尺度表皮的推敲，伊东丰雄等日本建筑师对构件尺度的消解，以及库哈斯等人在建筑体型上的创造，当代建筑在不同的尺度和层级上开辟了一个材料的新视野。

注释：
[1] David Leatherbarrow and Mohsen Mostafavi, *Surface Architecture*（Cambridge：The MIT Press，2005）.
[2] Richard Weston, *Materials，Form and Architecture*（London：Laurence King，2003），p.16.

［3］ 肯尼斯·弗兰姆普敦在《建构文化研究：论 19 世纪和 20 世纪建筑中的建造诗学》一书中如此表述建构的含义：
　　如果把建构视为结构的诗意表现，那么建构就是一门艺术，不过它的艺术性既非具象艺术又非抽象艺术能够概括。

第 2 章　材料观念的开放性

"其一，材料，即便最细微的局部，也总是结构和活动，也就是说，是形式；其二，我们越是明确划定变形的领域，我们就越能更好地理解这个领域的张力和运动曲线图。有关这些术语若不涉及各种方法，也是枉然……'材料和形式'是真正集合在一起的，这种结合是恒久的、不可化解的、不可还原的。"

——福西永《形式的生命》

18 世纪之前，在建筑学体系中，材料一直处于"超然而又约束"的状态，尽管材料的内涵逐渐丰富，但对材料的认识却始终停滞于建筑学观念上的底层抽象，这导致建筑理论界用材料来解释从技术、空间、功能直至符号等各个层面的建筑现象，难免会陷于自说自话的境地。孤立的材料观需要从时间维度纾解，正如海德格尔指出的："对于存在的理解，时间是本质性的条件，因为它构成了一个理解的视域，只有在这个框架下世界中的事物才可以相互之间形成有意义的关联。"设计者需要在今天的材料技术背景下，重新把建筑材料置于变动的历史中去进行具象和量化。尽管材料观是多维的，甚至对立的，但是在建造和完形的过程中都能找到自己相应的坐标。由此，材料的不同视角得以切换，建筑师也可以建立开放的材料观。

2.1　建筑材料的本质

2.1.1　材料的定义

materiality，在建筑学上表示材质性，实际上指材料自身属性的客观表现，更强调材料自身的价值。这一含义在 15—16 世纪中叶产生，表示材料的品质，可以引申为实质性和重要性；至于用 materialism 表示唯物主义的概念则发生在 17—18 世纪哲学大发展时期，反映了"材料"一词所包含的物质性和本源性。然而，材料的物质含义与表示真正基层意义上的物质（substance）又不完全相同。substance 一词产生得更早，12 世纪时的初始含义来自拉丁语 substantia，表示 essence，强调事物本质的同时也表示立场坚定、底层、在场等含义，表示事物中不可改变和不可剥夺的一面；而同属物质范畴的 material 就蕴含了形式、质地上变化的可能[1]。中文的"材料"一词作为合成词包含了"材"和"料"两重含义，就含义的广度和图示的生动性而言，古代中国对材料的定义有独特的启发性。其中材的篆书形式就表现了"材料"一词与木的密切关系，《说文·木部》："材，木梃也。""才"是"材"的本字。在甲骨文中"才"像在柱子（半个"木"）上架一根横木，表示房柱上架着的横木，即栋梁。当"才"的"栋梁"本义消失后，篆文再加"木"另造"材"字代替，本义表示可用于建筑的木料，这和 material 的含义是一致的，而且比较具象地表现了木材在原初建造过程中的梁柱关系，准确地再现了古人在梁柱间增加斜梁的场景[2]。

到了宋代，"材"有了更为具象的表述：官方编制的《营造法式》中用材的方式已经制度化，"材"成为建筑规模度量的标准，法式中分八等材，在不同材的等级基础上，再按比例划分为分，可以决定断面的比例，同时也对应了斗拱的两层拱之间的高度，木建筑的所有构件以材、栔、分的尺度序列来确定。这种标准模数和西方的"母度"如出一辙，不同之处在于，将材分等的指导思想很好地体现了材料尺度的概念，通过不同规模建筑的构件尺度序列准确表述了材料强度和建筑尺度之间的关系，最大限度地提高了材料使用的效率。（图 2-1）

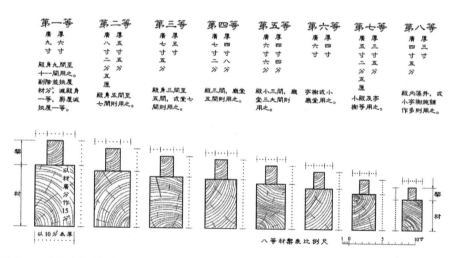

图 2-1 《营造法式》中材与栔的尺度序列

组合词"材料"并非现代词语，宋代苏轼在《乞降度牒修定州禁军营房状》中有"一面置场和买材料烧造砖瓦"的描述，其中"材料"的含义与现代一致。"材"和"料"加在一起，都表明为某种事物做的物质准备。按照《现代汉语词典》的表述，"材料"对应建筑的最适合的表述就是可供制成成品的物质。无论中文还是英文，"材料"的定义中都有两个最重要的限定性内容，即材料的物质性和材料的可用性，其中物质性限定了材料不可以用后消失，如火药、燃料就不是材料。材料是一种将形成新事物的物质，因此材料一定会在成品中以新的方式出现，由此也可将材料看作物质的特定组成形式。

2.1.2 材料的构造

在哲学上，材料的物质性至少可以追溯到古希腊时期德谟克利特（Demokritos）的原子说，他认为：宇宙空间中除了原子和虚空之外，别无他物；原子在数量上是无限的，具有各种各样的形式；原子在下落的过程中相互撞击产生各种运动，从而形成万物的变化；物质的区别都是由于构成它们的原子在数量、形状和排列上的不同造成的。此外，他认为原子本质上是相同的，没有"内部形态"之分，原子之间的作用通过碰撞和挤压传递。因此，物质的性质就由一种不可再分的实体——原子以集合的方式决定。

把原子看作事物的最小单位，决定了物质或者材料在性质上的唯一性。在很长一个历史时期内，人们对材料的看法是僵化的。尽管维特鲁威在《建筑十书》中非常系统地描述了季节、地点、气候和开采时间给材料带来的差异，但他也只是把这些差异看作自然的作用，并没有认识到材料的内在层次是决定其性质的根本原因。因此，材料的属性常被视为一种物化的、恒定的特征。文艺复兴时期，阿尔伯蒂对建筑材料的思考包括了材料的耐久性，同时考虑到加工的难易程度，这种因材施用的态度反映了人们对材料类型认识的深化，同时也体现出人们对材料性能的需求，对材料学的产生具有非常重要的意义。

人们对微观世界的材料的认知仍停留在逻辑推理和想象中。在《神正论》中，莱布尼兹认为人类的理性迷宫之一就是"事物内部连续性和要素处于不可分状态的争论"。笛卡尔的物质观念认为：整个物质世界的广延是无定限的，不可能设想它有一个界限；物质的可分性是无定限的，不可能有什么不可分的原子存在。威廉·奥卡姆的观点更为明确：在恒久的、无限可分的物质中，如同对一切广延性的分割一样，不可能有最小的限度。微观世界可分性的推断打开了材料的层次性认识之门。事物无限可分不是观测的结果，而是理性推理的必然结果。

今天的物质结构理论的主要观点有两个：①物质的结构不存在最低的层级，德谟克利特的实心原子实体是不存在的，事物内部总是有矛盾，矛盾也就必然形成结构；②物质结构的层次不是单一同质的，层次对应了各自的特性，不同层次有不同结构和运动特征，尽管层次之间的差别具有规律性，但是层次不是均匀存在的。笛卡尔虽然没对事物的内部构造提供合理的解释，但材料科学仍然在认识论的层面上前进了一大步。1638年伽利略出版了《关于两门新科学的对话以及数学证明》这本著作，在这本书中他阐述了材料力学的观念，用科学的解析方法确定构件的尺寸，这种宏观力学性质对应的是三维的欧氏几何观念和均匀流逝时间，连续介质力学对物质的内在结构不做分析，这与牛顿力学体系中的物质世界是一致的。在这个框架内一个最重要的假设是"介质是宏观连续的"。

连续介质只是一个开始。1665 年胡克用自制的显微镜观察到了木材细胞的舱形形态，从那时起，人类才逐渐意识到材料的形式不仅仅局限于自然界的直观认识和简单抽象，任何材料都有其内在的结构，而恰恰是这些结构决定了材料的性能和表现。对材料内部这种非均质的形态以及无限层次性的认识催生了材料学，18 世纪的冶金技术发展促进了材料学的分化；从 19 世纪到 20 世纪初，物理学和数学的进步，尤其是显微技术和 X 射线技术的出现，使材料学获得真正独立的地位。当代材料学是指研究材料组成、结构、工艺、性质和使用性能之间相互关系的学科，它为材料设计、制造、工艺优化和合理使用提供科学依据。现代材料学不再把各类材料看作独立和分隔的体系，而是认为不同的材料类别之间可以相互渗透，具有交叉性。当今材料学的发展已经进入了材料设计的新领域，美国国家科学研究委员会在 1995 年编写的《材料科学的计算与理论技术》报告中指出："材料设计"（materials by design）一词正在变为现实，它意味着在材料研制与应用过程中理论的分量不断增长，材料研究不再拘泥于不同种别和性质差别的个别表现，而是把材料看作物质的尺度序列，材料设计的研究范畴按研究对象的空间尺度不同可划分为 4 个层次，即电子层次、原子与分子层次、微观结构组织层次和宏观层次。在实际研究中，层次则更为丰富（图 2-2）。

既然世界呈现出无限层次的结构特性，材料的层次观必然是材料认知的核心。材料或者说物质确实不是均质的，而是具有内在层次的构造。材料学的目的就是对不同层次的构造操作，改良或创造材料，从而打开设计和制造的新领域。材料性能是由层次性的构造决定的，这样的规律对建筑学也有深刻的意义：如果材料的本质就是某种层次的物质构造，那么建造也应该被看作一个从微观形态到材料制造，再从材料制造到各种尺度的宏观建造，并最终成为建筑的宏大序列。正如亚里士多德所说："在具体事物中，没有无质料的形式，也没有无形式的质料，质料与形式的结合过程，就是潜能转化为现实的运动。"

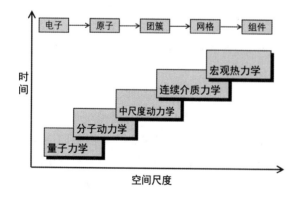

图 2-2 计算材料学方法与空间、时间尺度对应关系

2.1.3　材料的属性与表现

从现代材料学的观点看，材料通常不是以一种模块形式呈现，而是以一个特定的建造尺度呈现。因此，对材料属性（即特性）的认知不能仅仅停留于一种抽象定义，因为材料的属性是多样化、多层次的。材料的属性不能直接表现为建筑形式，而是通过建构过程蕴含于建筑形式中。

传统意义上材料的属性往往被人为地分为物理属性和感官属性，其中可以通过物理实验确定的性能，比如材料的硬度、密度等，称为物理属性；另外一些属性则依靠人的感觉加以表述而不能由实验完全量化，比如颜色、光泽，以及表面的触感和粗糙程度等，称为感官属性。早在古罗马时期，维特鲁威就提出把材料属性分为基本属性和次要属性的观点，强调材料的功能性；中古时期，中西方对建筑的看法非常相似，普遍认为建筑本身就是技术而非艺术，如亚里士多德指出，依靠感官的事物都与道德相去甚远。实际上，这是一种对材料感官属性的怀疑。中世纪工匠制度充满了行会特质和继承性的垄断，虽然材料技术和工艺得以发展并推进了形式的革新，但是没有人对材料属性做出总结并阐明其与艺术形式的关联，直到近代的文艺复兴之后，理性主义者才开始抱着崇拜的态度对哥特建筑进行深入研究，把材料的物理属性与建筑形式紧密联系起来。

然而以上这些对材料属性的解读都无视了一个重要事实，即材料的物理属性本身就是在具体使用中才表现出来的，因此也就不存在所谓绝对的理性。人们通常认为竹子具有弹性好、坚韧等功能属性，然而当一根竹子被纵向剖开时，它会变得非常柔软；而当横向截取一小段竹子时，竹子的弹性又荡然无存了。那么竹之为竹，其弹性和坚韧的属性又何在呢？这不由令人深思：建筑学正是通过物的具体的存在形式来理解材料的，或者说正是通过特定尺度的建造来认识材料的。因此，材料的物理属性也是抽象的，无法与形式直接对应，而只能在建造过程中借助特定尺度间接体现出来。

材料感官属性的确定性也引人质疑。一般理解的感官属性是一种形而上学的抽象，事实上多数时候，表面颜色、光泽、质感这些特性都是在特定空间尺度和光环境下才能被人感知的。材料的质感绝对不会无条件地呈现其原始状态，而是需要建筑师在尺度上精心策划。例如：卒姆托作品中常用的木材非常富有表现力，但如果只是把木材的天然肌理视作材料的感官属性，那么像圣本笃礼拜堂这样的小建筑在较远的距离上根本无法体现出"木"的特征。实际上，卒姆托并非无条件地直接使用木材，而是采用了特定尺度的桦木板，通过拼合对木材进行组织，如果没有这些特定尺度的木条重叠所带来的清晰的阴影，以及加工中的微小偏差形成的变化，人们便无法从一定距离上感受到木材的质地。卒姆托精心选定的尺度弥补了木材纹理和建筑形体之间的视觉层次，完善了观赏者对建筑材料"木"之属性的期待。（图 2-3）

把材料属性和建筑形式直接对应是一种悖论，因为材料属性是在材料消费于建筑的过程中体现出来的。正如老子所言："三十辐共一毂，当其无，有车之用。埏埴以为器，当其无，有器之用。"一旦建筑完成，材料自身属性对建筑的使用者和欣赏者而言就是无意义的，只有建造者或者专业人员通过学习才能把握其属性，海德格尔说过："给物以持久性和坚固性的东西，同样也是引起物的特定感性凸现方式的东西——色彩、声响、硬度、大小，这些都是物的质料，同时也就已经设定了形式，物的持久性和坚固性在于质料和形式的综合，物是具有形式的质料。"[4]

图 2-3 辛姆托的作品圣本笃礼拜堂

综上，从材料的属性到对应的形式既不是玄妙的精神体验，也不是结构自身的自然呈现，而是建筑师在不同尺度上完成的建构，并通过完形展示给知觉的信息，这种信息被识别、被记忆并最终符号化成为风格。只有把材料看作一种手段，在不同建筑尺度层面上寻求其性能与表现的平衡，才能把材料属性和形式语言沟通起来。

2.2 材料的层次发展

2.2.1 材料发展的线索

人类文明的起源带有深刻的材料烙印，早期的古希腊人就以材料为标志对自己的文明进行分段，公元前 8 世纪古希腊诗人赫西俄德（Hesiod）在《工作与时日》（*Works and Days*）中指出，人类处于黑铁时代的初期，前面曾经历了黄金、白银、青铜和英雄时代，这个顺序说明古人业已认识到文明程度与材料水平的相关性。当然，他的叙述和许多早期人类神话一样，对无记载的史前阶段抱有神化的崇拜，认为人类是走在堕落之路上的。然而事实上，正是材料的进步创造了巅峰的希腊建筑艺术。与之相类似，在《越绝书》中，中国汉代的袁康也提出了按照材料划分人类历史的方法，他将石、玉、铜、铁作为划分时代的依据。

1836 年，丹麦学者 C. J. 汤姆森根据考古发展的规律提出了石器时代、青铜时代和铁器时代的分期，1865 年英国学者约翰·卢伯克又根据石器加工完整程度把石器时代进一步划分成旧石器时代和新石器时代，这些都包含了人类文明的材料线索。与之对应，建筑作为人类文明的一部分，其发展的阶段性也必然与考古学中的材料学历史分期相呼应。古代的美洲文明一度达到巅峰，但由于受到资源等因素的影响，没能脱离石器时代的水平。玛雅文明虽然在天文、历法、艺术上都达到极为完善的程度，但受制于材料的局限性并没有进入下一个文明周期，而是停滞下来并最终消亡。材料与文明发展阶段之间的对应关系业已被考古学证明，建筑风格的演化也与材料利用水平直接相关，这是材料推动建筑形式发展的事实基础和基本前提。

考古学给建筑学带来的影响在 19 世纪达到巅峰，古希腊的考古发现影响了当时的欧洲建筑观念，在民族观念崛起的德语地区更是掀起了对形式本源追溯的热潮，在进化论与人类学研究的基础上，建筑学也尝试把材料与形式对应起来。1860 年德国森佩尔在《技术与建构艺术中的风格》中提出："当我观察那些基于简化法则进化出的丰富的自然物种的时侯，经常会想，也许能将人类的作品，特别是建筑简化为某些标准而产生的基本形式……探寻建筑基本形式，及其从简单到复杂甚至误构的变化过程，是意义重大的研究课题。"[5] 他试图阐明材料与形式的关联性，并用归纳的方法把材料与四种人类原始工艺对应起来指向建筑的四个要素。当时钢铁还没有被广泛应用于建筑之中，因此森佩尔也无法预见到后来的钢铁和钢筋混凝土带来的形式革命，他甚至认为用铸铁模拟哥特式建筑的行为是一种完全的失败，由此可知他从印第安棚屋中提取的材料表只能是历史的一个断面，难以完全展现材料与形式在历史中的互动和发展。尽管如此，他从人类学的视角解释材料和建筑形式的关系仍然是具有开创性的。（表 2-1）

表 2-1 森佩尔的建筑四要素

材料	技术	建筑要素	功能
黏土	陶艺	炉灶	汇聚
木头	木工	屋顶	遮蔽
织物	编织	墙体	围合
石头	砌筑	基础	抬升

很显然，森佩尔的局限性在于他没有将钢铁纳入建筑材料的体系，因此有必要加以补充，法国建筑师伯纳德·凯奇在此基础上丰富了这个表格的内涵，并对工艺和材料的关系做了进一步的解读，他认为工艺具有延续性，和当代材料可以交叉配合，从而产生丰富的形式变化。凯奇的材料工艺交叉概念打破了材料属性与形式对应的僵化观念，让开放的材料观进入新的阶段。这已经非常接近材料的层次性观点，但仍然没有把这些工艺按照历史的脉络整理出来，这样就无法看到工艺发展的实质——材料层次化。从根本上说，建筑材料的进步就是材料能级变化带来的性能提升。（表 2-2）

表 2-2 凯奇对建筑四要素的发展

古代建筑材料和工艺				
材料	编织工艺	制陶工艺	木工工艺	石砌工艺
织物	地毯、旗帜、窗帘等	动物皮的瓶子、埃及斯图拉		多色布拼缀物品
黏土	马赛克、瓷砖	花瓶形陶器、希腊提水罐		砖砌体
木	装饰性木材贴面	木桶	家具、细木工	镶嵌细工
石	大理石及其他饰面	圆屋顶或穹隆	框架、横梁体系	大块石砌体
现代建筑材料和工艺				
金属	中空玻璃、金属镀层、铰接金属结构、幕墙	金属花瓶或金属壳	铸铁柱	锻造、炼铁厂

混凝土	预制混凝土板、轻的翘曲幕墙	有规律的表面	板柱体系	
玻璃	幕墙	吹制的玻璃	粘接玻璃做法	玻璃砖
生物学	软体动物	有辐射结构的无脊椎动物、高原的表面	脊椎动物和桥梁	通过关节连接蜂巢
信息	调节、交织、协调	旋转实体、极坐标	平移、笛卡尔坐标	布尔数学体系

来源：Bernard Cache, *Relation of Abstract Procedures and History Materials* (Cambridge: MIT Press, 2000).

相比较而言，当代材料学在归纳材料与文明的关系时引入了时间要素，使材料和文明阶段的对应关系更为精确，但是仍缺少材料与工艺的对应关系。（表2-3）

表2-3　材料和文明阶段的对应关系

起始时间	时代划分	人类文明进程
公元前10万年	石器时代	文明起源
公元前3000年	青铜器时代	奴隶社会时期
公元前1000年	铁器时代	封建社会时期
公元1800年	钢和水泥时代	第二次工业革命
公元1950年	硅材料时代	第三次工业革命
公元1990年	新材料时代	全球化

对于建筑学而言，材料的替换并不只是用材的改变，进步的材料首先应用于工艺和工具，进而对建筑形式产生影响，今天建筑工艺的发展早已超越了四种尺度的建构要素。材料进步本质上是人类能量利用水平的一个反映。美国人类学家莱斯利·A.怀特（Leslie A. White）的能量人类学理论更好地概括了这个过程。宇宙中大到银河系，小到原子和细胞，无论蚂蚁群体还是人类社会的发展变化都可以归结为能量提取和转移的运动，能量是科学体系的基础。所谓文化，表面上看是个性选择，但实质上是追求更有效的利用能量方式的结果。能量的利用水平最终成为不同民族和文化的竞争能力，能量可以看作测量所有文化的尺码，而材料就是这个能量水平的外在体现，无论作为物直接应用于建筑还是作为加工的工具和手段，材料的进步都是衡量人类能量利用水平的标志。我们可以把森佩尔的材料工艺表和人类学的材料发展表综合起来，制作一个既能表示时间维度又能展现工艺差异的表格，以便更清晰地表示各种材料和建筑形式之间的有机联系 [6]。（表2-4）

表2-4　人类文明阶段与建筑材料发展及工艺对照表

建筑材料	时期	能量水平	工具水平	工艺（动因）
木、土	早期社会	人类体能	石头	绑扎、榫卯

续表

建筑材料	时期	能量水平	工具水平	工艺（动因）
石、木	希腊时代	木炭燃烧	青铜	砌筑、钉子
砖、石、木	罗马时代	炉具、冶金	铁	拱券、砂浆砌筑
石、木、铁	中世纪	鼓风、锻打	钢铁	石榫卯、扒钉
钢铁、水泥、玻璃	工业革命时期	高炉、氧气	蒸汽机	铆接、螺栓
合金、高分子	现代社会	电能、石油	电机、内燃机	焊接、浇筑
纳米薄膜、合成材料	未来社会	核能、超导	机器人、电脑	打印、编织

来源：作者自制。

　　尽管把建筑的形式完全看作材料的附属物是荒谬的，但显而易见，建筑和其他的工艺门类一样表现出与材料发展同步的周期性变化。从这个意义上讲，无论建筑的技术历史还是形式历史都是一部材料的历史。

2.2.2　材料的形式周期

　　按照莱斯利·A.怀特的观点，技术是自变量，社会系统是因变量，因而社会系统本质上是由技术系统决定的。后者变化了，前者随之而变。取代石斧的青铜斧，不仅是一种高级的工具，而且包含一种更复杂的经济和社会结构。但技术的主导作用只是从历史发展趋势上看是正确的，并不能概括形式发展的全部细节。历史的发展绝不是线性的，既然人类利用能量和改善材料是一个发现并发展的间断性过程，那么形式的演进也难免具有周期性和波动性。

　　在建筑领域，早期人类文明，如古希腊文明和古埃及文明，曾达到文明的巅峰，人们通常认为这些文明的艺术水平难以逾越——当时的建筑在形式上的完善程度和今天相比并不落后，因此文明水平并不等同于成熟程度。玛雅文明的文字、符号、历法水平甚至建筑水平都很高，但由于无法在能量利用方面取得突破，虽然创造了完美的石器文化，最终还是走向停滞和消亡。历史上各种文明在发展中都存在着周期现象，在周期的停滞阶段，建筑在技术束缚下走向风格化，变得烦琐堆砌，直到新材料和形式开始介入。温克尔曼在对希腊建筑的考古研究中很早就提出了这一观点，在《论古代艺术》中，他把希腊艺术的发展划分为四个阶段和四种风格（远古、崇高、典雅和模仿），对应了艺术由盛转衰的过程。温克尔曼认为形式的衰落是经过了创造、发展、顶峰之后走向因循和琐碎的结果，并受到政治自由的影响。虽然他对形式发展的解释没有集中在材料和技术上，但如果对比罗马时代的风格就不难发现，形式发展的动因正是罗马建筑用砖块和砂浆代替了希腊的石柱和石梁。

　　形式发展的规律具有普遍性，希腊建筑的考古学成就也激励了中国的建筑师对古代建筑形式进行归纳和总结，梁思成、林徽因等人在营造学社对古代建筑大规模测绘基础上总结了中国木结构建筑发展的规律，并做出类似的阐述：大凡一种艺术的始期，都是简单的创造，直率的尝试；规模粗具之后，才节节进步使达完善，那时期的演变常是生气勃勃的；成熟期既达，必有相当时期因承相袭，规定则例，即使对前制有所更改，亦仅限于琐节；单在琐节上用心"过犹不及"的增繁弄巧，久而久之，原始骨干精神必至全然失掉，变成无意义的形式。中国建筑艺术在这一点上也不例外，其演进和退化的现象是极明显的，在各朝代的结构中，可以看得出来 [7]。这种趋势当然是随着历史的起承转合而变化，所以林徽因也认为：由南宋而元而明而清八百余年间，结构上的变化，虽无疑地均趋向退步，但中间尚有起落的波澜。这种艺术上的退步论，显然受到了结构理性主义的影响，在今天看来不能一概而论，但是在文明周期内建筑的风格演变确是无可辩驳的事实。

相比较而言，20世纪法国学者福西永（Henri Focillon）对材料和形式关系的论述更为深刻，他对艺术史独特的解析让人们把他的观点和生物学的进化论联系起来，实际上他对艺术正是抱着一种进化的观点。在福西永的理论中，一个时代的艺术，既包含着当下的风格，也包含着过去幸存的风格，以及未来早熟的风格等。艺术史的发展如江河之水、如音乐旋律般绵延不绝，将现在、过去、未来包含和融入在内。这就为研究和解释一个历史时代中丰富的艺术现象打开了大门，同时也打破了人为的时间和空间界限。风格史在他的理论中，也从那些僵硬地从一极向另一极发展的理论，转化成一种有机的循环论。任何一种艺术风格的发展都要经过四个阶段：实验阶段、古典阶段、巴洛克阶段和精致化阶段。福西永认为要深刻挖掘不同层次的材料的技术特质，从而发现并运用这种不可分割的形式："其一，材料，即便最细微的局部，也总是结构和活动，也就是说，是形式；其二，我们越是明确划定变形的领域，我们就越能更好地理解这个领域的张力和运动曲线图。有关这些术语若不涉及各种方法，也是枉然……'材料和形式'是真正集合在一起的，这种结合是恒久的、不可化解的、不可还原的。"[8]

在历史上，建筑形式的这种周期性体现了形式对材料的依附，尽管持有风格衰变理论的学者并没有完全把动因指向技术，尤其是材料的影响，但事实是，在没有新的材料和技术对形式进行催化的情况下，形式的发展会受到材料的限制而陷入停滞。在这个事实的基础上，材料发展的历史和风格进化的历史就可以对应起来，从而找到共同的周期性线索。

2.2.3 材料的层次理念

均质材料观念下的弹性变形理论只是有限范围内的"真理"，恩格斯自然辩证法指出：自然界的物质具有普遍的形态特征，它们呈现出按空间尺度以及质量的大小特征排列的序列。任何物质系统都处于一定的物质层次之中，同时内部又包含较次级的物质层次。

物质系统空间尺度并不是均等的，而是呈现出一种不连续的级数序列，每个级别对应各自的物质单元。它们就是不连续系列中的关节点，单元之下还有单元，同样是一个复杂系统，但是相对于上级单元又称为简单的组成部分。物质结构呈现出层次性和系统性。物质单元（系统）的级别对应了层次的数量。物质单元内部还可细分，比如生物按其空间尺度由小到大的序列是生物大分子、细胞、器官、个体、群落、生物圈等。具体的物质结构和形态有着无穷的多样性。对本质的认识是一个渐进的过程，即按照层次逐层剥开的过程。

物质结构的层次性与其运动规律相对应，各自处于其特有的时空状态中。物质层次序列也是能量等级的序列。系统的结合能越大，系统就越稳定。当外部能量大到足够破坏系统的时候，系统就会转化并暴露次级系统。反之，物质单元组合在一起的时候，能量会被释放出来，系统会变得稳定，同时也转化为高层级的物质单元。物质系统在能量作用下的分解和结合过程，解释了物质世界不连续的层级状态。

物质结构的高级层次内部存在低级层次的系统，高级层次的运动规律必须用系统的组成部分——低级单元的运动和状态表达。这种还原的方法在科学研究中具有重要的意义。但高级层次与低级层次之间并不是同构的，其组成方式及运动的规律都不是相同的。因此，那种企图把高级运动形式直接代入低级运动形式的还原论想法是错误的，是形而上学的一种表现。因此幻想有一种材料的特定形式能用于任何尺度的建筑也是荒谬的。

材料研究是建筑学的基础，因此认识材料的层次和建造的方式非常重要。层次是材料在自然界的存在状态，设计者在建筑设计中应主动应对材料层次变化带来的形式更新。工业革命以来，材料的发展速度超越了过去几千年的总和，当今材料发展的特点就是在不同层次上拓展其性能，用一句话来概括，材料发展就是一个从宏观到微观不断深入的过程。

2.2.4　材料的层次建构

材料在微观领域的飞速发展已经颠覆了传统的材料观念，任何材料在微观上都是由更低层的物质构建出来的——分子也可以被看作一种材料，人们已经可以在分子水平上对碳原子进行操作，形成石墨和金刚石两种性能完全不同的材料，分子建构方式的区别使得它们的属性产生了巨大的差异，产生了完全不同的性能和外观。如果把碳原子看作材料，那么形成金刚石和石墨这两种物质的过程就是一种建造的过程。正如自然辩证法指出的，物质的结构方式是决定物质性质的主要因素。

当建构尺度超过分子水平后，我们还可以看到头发丝的坚韧不是来自蛋白质，因为蛋白质分子键的能量微乎其微，而是来自发丝高达七重的结构层次。在宏观尺度上，最典型的建筑材料是木材，作为一种高分子材料，木材的底层材料是木纤维，日常用到的木纤维是纤细柔软的，然而木材的纤维却是一种由特定管状结构组合成的精细构造，具有单向强度好和轻巧的特征。这个建构层次是在显微镜下可以观察到的微米级别。（图 2-4）如果把视野再度扩宽，就能发现竹子的断面构造尺度明显地超过木材，包括外部致密细小的纤维和内部粗疏宽大的导管以及空心的管腔，竹子材质在特定尺度上的性质——抗弯、弹性以及轻巧，都和其多层级建构方式相关（图 2-5）。对于一般意义上的材料，石墨、木、竹子的内部构造方式不在同一个尺度量级，但是我们把它们都定义为材料，由此可见材料的定义并非限定于特定的尺度，在技术发展的今天，设计者能够从各个尺度上对不同层级的材料进行组织，打破了自然材料固有的特性，由此材料的概念也得以扩展。

更大尺度的例子来自纸箱板，厘米尺度的蜂窝板和以特定尺寸分布的六边形构造让纸这样薄弱的材料成为结实的实体。纸是材料，可以用于覆盖和张贴，同时蜂窝板又成为另一种新的材料，并具备其构成方式带来的特定属性，比如轻巧、耐折、不抗压等。纸箱板的构成方式和放大了几千倍

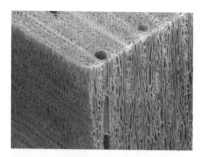

图 2-4　木材纤维的显微构造

图 2-5　竹子内部丰富的层次结构

图 2-6　纸箱蜂窝板的内部构造

图 2-7　梼原木桥博物馆叠木

的木材内部构造非常相似。（图 2-6）如果把视野投向更大的尺度，就可以与建筑的构件相类比。中国古建筑的斗拱变化丰富，构造繁杂，究其实质是为了应对木材抗剪切差的特点，将材料分解成小的构件，逐步分散应力。安藤忠雄为西班牙塞维利亚世界博览会设计的日本馆、隈研吾的梼原木桥博物馆都是通过运用多层叠木，减小构件尺度并增加构造层次，巧妙发挥了木材的效能。（图 2-7）这种倒锥形的木构阵列形成了特定尺度的单元，并成为木结构体系的基础。在这个意义上，叠木完全可以看作一种新材质，密度只有木材几分之一，却和木材具有相同的极限强度。

综上所述，如果将材料视为次一级材质的建构结果，设计师便可以得到一个材料的尺度序列，即能够把材料和建构的概念在某种程度上整合到一起。通过这种层次性显示出材料作为一种具有一定特性的可识别物，对应着特定的内部组织或建构形式。富勒用金属网格制造的球形壳体、奈尔维用密肋混凝土支撑的屋顶都可以视作更大尺度的材料——以特定结构方式存在的材料。如果用层次化的视点看待材料，材料会呈现出一种有别于固有属性的共同规律：①同样质量的材料分布范围越大，材料使用效率越高；②同等情况下材料建构单元越多，尺度越小，材料就表现出越好的效能和表现力；③在特定尺度上，建筑可以看作材料实体逐步去掉无用部分的结果，而去除的方式对应了材料工艺的演进。（表 2-5）

表 2-5　材料尺度序列示意

纳米级别	微米级别	毫米级	厘米级	米级	十米级	百米级	千米级
纳米管	木材	竹子	蜂窝板	斗拱	框架	网架	富勒穹顶

2.3　材料的知觉性

2.3.1　材料的认知方式

无论建筑材料以何种层次呈现，无论这种建构是人为还是自然形成的，都会成为形式的来源，并体现在建筑当中，但建筑学作为跨越技术、心理与文化的学科，形式生成的复杂性绝非用单一的物质来源可以涵盖的。承认材料和形式之间的物质关联并不意味着对形式探讨的终结，相反，我们需要了解材料在形式生成过程中与人的知觉如何相互作用，才能完整认识材料的本质。

材料的形式来自客观世界，然而却由人的知觉进行认识和评判，这组主客观对立的辨析很早就出现在建筑理论中。卡尔·博提舍在《希腊人的建构》中将"核心形式"和"艺术形式"加以区分，把建筑中的艺术部分和技术部分整合，艺术性以建筑的外部特征和实用性为参照，而美成为对技术的诠释。建筑理论家克劳德·佩罗对待形式美的态度也许更有启发性，他认为建筑学有两个基本原则：一个是客观性，一个是主观性。建筑的客观性基础来自对建筑的使用以及建筑物的最终目的，所以它涵盖了坚固、健康和实用。所谓主观性就是审美感觉，来自权威和实用两个方面，尽管美在一定程度上也来自客观存在的基础，其构成也包括适当的理性干预，以及各个局部在应用上对美的倾向所表现出来的适应性。佩罗所说的客观性来自技术和功能的要求，而主观性则明确指一种审美感觉。他认为审美感觉需要对建筑形式做出干预，因此比例并不像以前建筑师所说的是一种法则，人们也没有办法找到感觉标准的依据，它不过是建筑师约定俗成的东西，是传统作用的结果。这也意味着主观感觉甚至可以排除权威和传统对行业的评判。19 世纪中期，这种观点表述得更为清晰，感觉已经成为建筑形式中的重要环节，艾蒂安·布里瑟则认为："主观感觉超越了客观存在的价值——对于比例而言，不存在类似主观美的个人鉴赏力……人与自然接近程度是不同的，因为他们的生理状况和个人学识各不相同，但是感觉从本质上讲，每个人都是一样的。"尽管材料是形式的物质之源，但是从古至今，人们都承认这种来自物质的形式受到一种共同的制约——人的感觉。

总之，在 19 世纪材料理性主义开始盛行之前，主观感受已经成为建筑形式的一个重要部分，这意味着形式发展的三个环节已经被基本确认了——来自物质世界的形式本源、审美感觉（知觉，不受个人知识影响的感觉），以及对形式的继承和借用。森佩尔对三个阶段做了全面的阐释，在他看来从材料到形式不再是一个完全客观再现的过程，他在 1890 年出版的《技术与建构艺术或实用美学中的风格》（*Style in the Technical and Tectonic Arts; or, Practical Aesthetics*）一书中把结构（物质）形式到艺术之间的发展用建构的三个层面来表述：第一个层面是内在的技术，即平实的材料建造；第二个层面是建筑秩序，即对技术的再现（或称技术之面具）；第三个层面是建筑秩序之上的雕带，是对人类故事、神话与幻想的叙述（面具之面具）。面具理论很好地解释了建筑形式源自材料并最终摆脱材料束缚的过程，也意味着形式获得表达自由的过程。他指出这个自由形式的前提是材料必须达到技术完美的程度，使人们忘掉材料，而将艺术创作解放出来。

尽管三个阶段是明晰的，但是人们对各个阶段的认识仍存在分歧，即使森佩尔本人也无法解释技术的面具是以何种方式实现的，肯尼斯·弗兰姆普敦在《建构文化研究：论 19 世纪和 20 世纪建筑中的建造诗学》一书中，试图把这个过程的要素笼统地归结于实用性、感情和艺术概念的协调一致。在海德格尔的影响下，肯尼斯·弗兰姆普敦用"诗"这一概念解释不同建筑师在建构中展现的个性，建构的过程可能是地形、身体、文化人类学、空间和技术等诸多要素影响的结果。这样的结论显得含糊且矛盾，为了明晰认识的过程，我们可以借用 20 世纪胡塞尔开创的现象学作为工具。他要求人们搁置一切有关物质和精神的必然信念，从而形成一种现象学的态度，这样就完成了意识还原的第一步。既然关于世界的所有看法和知识都是认识的结果，那么现象学的首要问题就是认识过程，而带有先决条件的认识不可能是绝对真实的。

从材料到建筑的实现过程也可以尝试用现象学方法进行还原，以去除认识上的先验：一个带有特定历史风格的建筑作品，对具有特定的历史思维和历史认知的人可以唤起共鸣，形成特定的艺术效果，对一个不了解历史的人则没有意义。当进行建筑形式创新时，这部分形式就应该被屏蔽，让真正的底层形式得以彰显。一旦形式产生并进入我们的类比研究，它必然带有多重身份，尽管如此，这并不妨碍我们在悬置文化和历史的影响基础上进行知觉的研究。

2.3.2 视知觉与完形

结构理性观念和对材料形式的追溯贯穿了整个 18—19 世纪，人们不自觉地应用现象学方法，试图屏蔽历史要素对形式的干扰，还原由材料到建筑的"原初"建造过程。在这种形式还原中人们往往把历史符号（如柱式、尖拱等具象的形式）和建筑材料的本质属性隔离开来，试图通过屏蔽古典形式得到一种本质直观的、符合材料理性的艺术形式，然而正如森佩尔所说，在结构技术和风格的面具之间还有一层被称作建筑秩序的技术面具，这种技术面具在佩罗那里被解释为审美感觉，在艺术历史学家李格尔那里被表述为艺术意志力。然而从现象学的角度看，这种形式的面具实质是一种来自人自身的知觉完形——这是因为在屏蔽了建筑的历史形式之后，建筑风格与理性形式之间还存在一个视觉还原的过程。正如辛克尔所说："我认为真正的美学元素应该在建筑中占据它应有的位置……在这一点上，就像其他那些好的艺术品一样，是无法避免的，确切地说，很难找到一种适当的教授方式，因为这本质上是一种感觉的教育。"[9] 这种不可言说的感觉正是基于人类生物本能的知觉。

笛卡尔在牛眼的晶体里看到了物体的倒像，证实视觉从眼睛传导到大脑的方式不是一种自然的复制，他认为是心灵在看，而不是眼睛在看，心灵不是直接地看，而只是通过大脑看。大脑在看的过程中起到了真正的统摄作用，因此看绝不是一种简单的生理反应，而是大脑对外部世界有选择性组织的结果，大脑在看的过程中描绘了影像，而我们误以为这个影像就是真实世界的映像，其实这不过是一种基于观者心理选择的结果，这种选择既是生理机能，也是心理活动，更是时代、文化对人类心理影响的结果。19 世纪英国剧作家奥斯卡·王尔德就明确指出："事物存在是因为我们看见了它们，我们看见什么，我们如何看见它，这是由影响我们的艺术而决定的。看一样东西和看见一样东西是非常不同的，人们在看见一事物的美以前是看不见这个事物的；然后，只有在这时候，这事物方始存在。"[10] 王尔德的美学观念看起来是先验的，但是他并非否认美的客观存在，只不过他认为这种美必然符合人类大脑的预期，失去了看的主观性，人的眼睛也失去了发现美的功能。人们通过有目的地、有经验地、主观地观看，引导自己得到符合自己意愿的观察结果。

现象学把自己作为一种科学，作为对应的研究手段，20 世纪发展起来的格式塔心理学是与现象学相互依存的形式认知理论。格式塔心理学家认为知觉具有结构识别的特征，因此他们通过观察经验进行研究。1923 年韦太默发现人们倾向于把事物认知成为一个整体而不是停留在个别事物上，或者说人的知觉更乐于为事物之间建立简单和易于理解的关系。在人的知觉中，事物以一个系统的形式呈现出来，事物整体比部分显得更有意义，事物在人类认知中是"能动的整体"（dynamic whole）。通过完形实验，人们认识到视觉不是对观察对象的无条件再现，而是通过以人的头脑为载体的心理活动把视觉形象转换为知觉的固定结构，也就是形式审美鉴别的基础。人们在认知建筑的形式时要通过格式塔的原则进行视觉分析与完形，从而形成自己的心理判断，这就是建筑形式认知的基础，也是对建筑形式还原和再现的方式。

2.3.3 材料的视觉层次

从格式塔的视觉认知中，我们能够剥离建筑的历史要素和结构要素，让材料仅仅表现为视觉的形象，材料的质感、肌理、图形和体积这些特质实际上是人们知觉的心理图示，与材料的真实属性没有直接关系。建筑师可以在材料形式的基础上选择图示，进而组织视觉感受，这就是视觉完形的过程。

因此，柯布西耶在《走向新建筑》中激进地表达了自己对新形式的渴望，却对材料的真实不置一词。他花了大量的篇幅表达了对未来形式的视觉上的理解：观察者的眼睛望着一处街道和房屋，他受到矗立在周围的体块的冲击，如果这些体块是规整的，没有被不适当地歪曲损坏；如果它们组合起来的次第顺序表现出一个清楚的韵律，而不是乱七八糟的一堆；如果体块和空间关系合乎正确的比例，那么眼睛会把一些互相协调的感觉传递给大脑，心灵就会从中得到一些高级的满足，这就是建筑艺术 [11]。对建筑形式的革命是直接用眼睛完成的，这似乎和现代主义所渲染的功能主义和理性主义都是不相符的，但是如果没有这样的视觉探寻，技术的形式就不能带上秩序的面具，也就不能满足人类的形式需求，这就是建构的目的。柯布西耶还说："建筑，这就是以天然材料建立动人的协调，建筑超乎功利事物之上。建筑是造型的事情。"[11] 他已经把形式彻底从需求中割裂出来，视觉满足是造型的唯一标准。

以材料最直观的属性——质感为例，其本义是指事物在表面尺度上传达给人的心理感受。质感的呈现需要尺度的制约：人们对质感的理解与事物的实际大小无关，当我们凝视一块砖时，砖头表面烧结的空洞表现出粗糙的质感，然而我们挡住砖的其余部分，只留下 1 厘米范围的时候，质感消失了，在没有参照物的情况下，我们看到的是若干红色凹坑形成的类似月球表现的图案。相反，当我们用砖砌筑一堵墙的时候，墙体通过砌筑缝隙和凸凹误差表现出的丰富变化又被我们看作另一种质感。那么材料究竟是如何表现质感这种形式的呢？质感究竟存在于砖本身，还是砖与砖的组织之间？无疑，在这里质感是一种视觉的体验，与材料的尺度及组成方式相关联，当单元的数量级以及组织关系变化时，材料的视觉属性也随之变化。所有有关质地的信息都通过图像传递给人的大脑，并通过大脑识别的图示理解。因此，仅仅把材料和固有尺度的质感、肌理联系起来不足以表达材料的形式特征，人的眼睛和大脑会自动把视域内的材料组织起来，材料可以在各种尺度上形成对视觉有效的形式。

人的视力有局限性，这正是人类判断尺度的依据之一，这种局限意味着真实再现不是无条件的——视觉认知是通过完形实现的，它会根据心理的认知规则把视域内的对象进行分类归纳并组织成图示。比如，类似大小的事物会被组织在一起，有尺度差距的事物首先在大的尺度上归纳，然后再进行下一层次的认知，而差距过大的层次因不能被组织进入同一个图形之内而被忽略，这些就是视知觉中的完形理论。建筑层次序列的规则正是建立在这种知觉的基础之上，依照这种方式，材料的属性通过物质关系和知觉完形之间的作用体现出来。

小结

　　材料的开放性观念尝试用一种发展的观念看待材料。材料是物质世界以关系为特征的"存在方式"，而不是特定的"物"。在漫长的古典时期，材料技术发展的停滞造成了我们的错觉，认为材料具有某种永恒的属性，但实际上所谓的永恒随着人类工艺达到新水平，将逐渐消失在材料的重构过程中。

　　今天的木材已经不同于古代的木，今天的混凝土也不同于古代的石，材料的表达自由来自新尺度上物质的重组。同时在认识材料的过程中，材料的知觉特征揭示了人对材料的认知也是具有层次性的，然而这种认知的层次性与材料的层次性不是直接对应的，视觉有可能直接再现材料的层次，就是所谓的呈现，也可能把材料呈现的层次重组为另一个图示，也就是所谓的遮蔽。因此调整材料的层次和尺度关系，使之达到物质与视觉的双重完整才是建筑形式的目的。

　　综上，对于材料的表现而言，建筑与艺术从来没有把感觉和真实清晰地分开，因为在成熟的艺术风格中二者确实是一体两面的。

注释：

［1］英文词义辨析资料来自《朗文当代英语辞典》《牛津高阶英语词典》以及优词（www.youdict.com）、维基词典（https://en.wiktionary.org/wiki/hind）等网络词典。

［2］汉语词义辨析资料来自篆文字典（http://www.vividict.com）以及《说文解字》《辞海》《辞源》《现代汉语词典》等。

［3］施思齐、徐积维、崔艳华等：《多尺度材料计算方法》，《科技导报》2015年第10期，第21页。

［4］马丁·海德格尔：《林中路》，孙周兴译，上海译文出版社，1997，第11页。

［5］戈特弗里德·森佩尔：《建筑四要素》，罗德胤、赵雯雯、包志禹译，中国建筑工业出版社，2010，第33页。

［6］莱斯利·A.怀特：《文化科学——人和文明的研究》，曹锦清等译，浙江人民出版社，1988。

［7］梁思成：《清式营造则例》，中国建筑工业出版社，1981，第9页。

［8］福西永：《形式的生命》，陈平译，北京大学出版社，2011，第7页。

［9］米切尔·席沃扎：《建筑的建构哲学》，载丁沃沃、胡恒主编《建筑文化研究》第1辑，中央编译出版社，2009，第35页。

［10］奥斯卡·王尔德：《谎言的衰落：王尔德艺术批评文选》，萧易译，江苏教育出版社，2004。

［11］勒·柯布西耶：《走向新建筑》，陈志华译，陕西师范大学出版社，2004。

第 3 章 形式的本源与提取

"人是自然的产物，因此人类活动制造工具、建造居所也是一种自然行为，这种自然行为随着时间更迭也在不断演化。"[1]

——迈克尔·温斯托克《建筑涌现：自然和文明形态之进化》

3.1 建筑的自然形式

3.1.1 中国的自然来源说

在人类历史上，从自然中获取形式是司空见惯的事情，作为模仿的过程，人类用可能的材料对事物在自然中的面目加以再现也是理所当然的。《周易·系辞》已有"观物取象""立象以尽意"之说。李格尔在《艺术风格学》中说："所有的艺术，包括装饰艺术，全都被缚于自然不得解脱。"[2] 或者说，所有艺术形式都有来自自然的范本。此处李格尔所说的艺术也包括建筑形式。在他的理论里一切艺术都是人类意志的产物，而自然是这些艺术的源泉。如果只承认形式源于自然，这当然是合理的，然而如果把一切形式的发展和演化都归结于人类的艺术意志，这就是一种对形式的不完全归纳，难以涵盖建筑学的全部。模拟自然的建造行为不可能没有功利的因素，因此在艺术意志背后也存在形式与材料的博弈。在建筑历史上，建筑形式和自然形象之间的联系是客观存在的，然而这种模拟自然并不是对自然形象的直接复制——因为材料的自然状态无法和人的需求直接对应。相反，人类对自然形式的提取一开始就是一种认识上的抽象过程，是对各种自然事物如何应对环境的领会，同时也是对事物关系和结构的认识过程。

图 3-1　武氏祠画像石上力士托举屋顶的形象

作为自然的一部分，人体自身就是形式的首要来源。山东嘉祥汉代武氏祠画像石上有中国最早的人像柱形象——壁画中的力士展开双臂，用手和头三个点承托屋顶，不难发现它与汉代的一斗二升和一头三升的相似性，这个形象既表现了斗拱的力学特征，也暗示了斗拱形式可能来源于日常生活和劳作。在上述画像石上，人体直接成为建筑屋顶的支撑的形象，表现出人类以自身为范本创造建造形式的意向。（图 3-1）

关于中国古代建筑屋面的曲线，也有材料说和象征说之对立。西方人认为这种曲线是一种结构性的产物，持机能论的观点，弗格森认为这是由于梁架跨度过大产生的弯曲，但是仅仅机能说不足为依据，他们所设定的条件几乎都不能解释为何形成极其复杂的结构系统。伊东忠太则认为是帐篷的张力建造形成曲线，他认为：既然西方也有折线屋面，那曲线只能是个性结果。但是实际上结构层次性才是曲线产生的重要原因，类似于西方桁架的系统具有斜向传递力的路径，因而难以进行曲线模拟，而中国叠梁这种间接传力形式才是曲线自由度的来源。

其实从形式直观的角度，《诗经》中早就有了"如跂斯翼，如矢斯棘，如鸟斯革，如翚斯飞"的描述——把屋顶比作鸟和羽翼，屋角则比作箭矢。《诗经》善用比兴的写作手法，我们的先人无论是将成形的建筑形象想象成展开的翅膀，还是在建造成形中借鉴了鸟翅羽毛的分布，都反映了建筑形式和自然形式的密切联系。如果探究这个问题的本质，现代仿生学在这方面的研究是深刻而有趣味的。从进化的角度，人们总结出展开的规律："自然界几亿年的演化结果是自然界的生物都是以展开的状态存在……一个物种要能成功地生存，一方面要使自身结构的物质最少，以减少自身生长消耗的能量，另一方面要能利用更多的环境，从自然中获得更多的能量。"[3] 因此仿生学中用"展开度"评价生物适于生存的程度，用可寻址体积 / 体积（addressable volume/volume）表示，自然界的树木生长、鸟的翅膀展开、花朵的开放、人的四肢舒展等都是这种模式的表现，建筑作为人类在自然中维持生存的延伸手段也具有这个本质的要求，需要屏蔽外界日晒雨淋，同时要减少材料和劳力的消耗，屋顶的展开就与鸟儿的翅膀形式有了底层的一致性。

今天看来，屋顶的反曲是多个自然要素作用的结果，既是逐渐减小屋顶重量侧推力的构造要求，也受排水以及日照的综合影响，正像鸟儿的翅膀既要能够飞行也要兼顾保暖。屋顶形式的来源是多重意义的，但是"展开"是一个核心的概念，通过资源、能量和目标之间的相互作用，生成了特有的形式，但这绝不是简单模仿自然形式或者机能要求的结果。

3.1.2　西方的自然来源说

在西方，来自希腊的哲学传统拒绝承认感官的优越地位，柏拉图认为永恒的是"意式"（idea）而不是可以感知的"形式"（form）。而亚里士多德则不同意将形式从其依附的事物中剥离出来，他认为每一种事物和它的基质其实就是一体和同一的。亚里士多德揭示了形式从事物内在关系中获得的合理性，这种合理性使形式具有意义，就像有机体之间基因遗传的结果。基于这种遗传的观念，建筑从自然中借用形式在西方是一个普遍存在的现象，人体一度是建筑的形式本源，维特鲁威人为人体确定了一系列基本的比例规则，并将这些比例规则应用于绘画和雕塑中，把形式提炼后和几何图形相对照，形成了关于人体的形式体系，在这个体系中，柱式的形态也有了男女之分，柱高与柱径比相应为 6~9，这样一个形式序列虽然是形而上学的，但是其形式来源无疑对应了人类的体型和力量特征，甚至早在古希腊时代人们就以人像柱的形式直接表现建筑构件的形式和人的自然形象之间的联系。

中世纪哥特式建筑更具有创造性和普遍性，但是缺乏系统的理论，直到 19 世纪人们才开始对来自自然的内在规律赞叹有加，英国的约翰·拉斯金（John Ruskin）在《威尼斯之石》中表现出了对哥特式建筑中自然形式的解读。他在书中引证了一系列植物与动物世界的元素，他认为这些范例传递了"大自然的劳动而不是它的不安与躁动"。维奥莱 - 勒 - 迪克也曾经指出，植物的外形总是表现出一种功能，或者使自身服从有机体的需要。结构理性主义者也在哥特式建筑中发现了自然形式与建筑形式之间的对应规律。

拉斯金认为哥特式建筑中普遍存在的植物形式的来源是复杂的。叶状饰的体系，无论是尖顶拱中简单的叶状饰，还是窗花格中复杂的叶状饰，都反映了人们对叶子的喜爱，与其说拱顶的式样在模拟叶子的形状，不如说它融入了设计师在叶子中所发现的同样的魅力。（图 3-2）因此，叶状饰这个术语可以描述最简单的拱顶和最完美的窗花格，在哥特式建筑晚期，叶状饰遍布建筑的各个角落。"因此，叶状饰是这种风格的本质特点……因此我们对哥特式风格的最后定义就是——屋顶本身使用尖拱顶，屋顶外壳使用山墙的叶状建筑"[4]。从自然中取得形式的传统也延续到近代，歌德在 1787 年给赫尔德尔（Herder）的信中写道："原型性植物将是我们看到的最为奇特的生物，自然本身将因此妒忌我们。有了这样一种模式，有了手上这把理解自然的钥匙，人们将构想出来无限多的植物，它们将是严格逻辑的植物——换言之，即使它们不曾真的存在过，它们是可以存在的；它们不只是入画和想象的投射，它们将充盈着内在的真理和必要性，同样的法则也适用于所有活着的东西。"

19 世纪中期，在生物学研究成果和材料更新的共同驱动下，新艺术运动中的植物纹样铁饰在

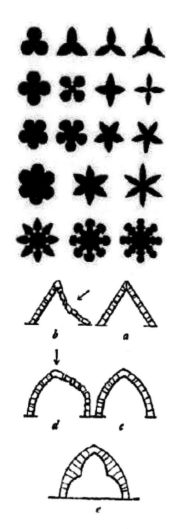

图 3-2　易破坏的拱肩加固后转化成
三叶草形式（拉斯金）

建筑历史上风靡一时，这些对自然的模仿没有古典建筑中那些精神意义甚至神学解释，而是受到当时进化论发展的影响，对动植物生理机能与形象之间的完美结合推崇备至。这种从自然中获得形式灵感的尝试甚至影响到了城市规划领域，沙里宁作为有机分散理论的开拓者和实践者，在对自然事物的模拟中完善了自己的理论。他用中世纪城市肌理和人体肌肉切片形式的一致性阐明动植物生长中的形式规律的一致性（图 3-3），同时用水滴的溅射比喻城市的形态，并用外部压力引起的扩散程度分析城市发展的方向和速度。对细胞间隙的研究让沙里宁认识到城市无序发展的缺陷，赫尔辛基规划就体现了自然生命发展中表现出来的有机和分散的观念。

自然主义的倾向在南欧也一直存在，著名的建筑师高迪对自然的模拟是他设计之魂，他说过：创作就是回归自然。他的作品里随处可见对加泰罗尼亚自然事物的再现，如米拉公寓群山一般的褶皱，巴特洛之家贝类一般的屋顶，还有圣家族教堂像树丛一样的柱子，在人类的建筑历史上，如此广泛而又夸张地采用自然形式和肌理确实让人惊叹。

建筑历史上种种对自然形式的移植，并不都是从材料的使用特征出发的，往往带有各种不同层次的目标，除了材料的最优利用之外，还有功能的整合，甚至还有宗教层面的人体崇拜，以及工艺手段的视觉表现。但是无论哪一种诉求，都建立在应对自然的基础之上，形式是自然力作用于事物上形成的，继而通过人的知觉在不同层面进行投射，这种不自觉的形式借用和提取，隐含了建筑形式的理性要素与材料及技术的局限性。

3.1.3　从模拟自然到仿生学说

进入 20 世纪，模拟自然已经发展为一门全新的学科——仿生学。仿生学（bionics）的概念在 1960 年的第一次仿生学会议上被明确提出，意思就是复制自然和从自然中获得想法。仿生学研究生物系统，关注它的功能、结构、能量转换特征、信息控制方式等特点，是一门将生物研究成果用于人类制造和建造工作的科学。作为一种交叉学科，仿生学是通过建立生物模型，模拟生物在自然界应对环境的方式，提炼其功能的机理并应用于人类科技，设计出具有生物功能的产品的一种人造技术。仿生学有两个不同的分支：①由美国空军 1991 年提出的仿生技术（biomimetics），主要目的是寻求生物学原理，为材料设计和处理提供帮助，其中对木材、骨骼、贝壳的力学性能和微观结构的观察和研究促进了对聚合物和复合材料的研究，拓宽了材料学的视野；② 1997 年提出的生物模拟（biomimicry），注重从自然界的模型中提取灵感并加以模仿，比如树叶自身的支撑形式及吸取阳光的方式等。无论哪个分支对建筑学的意义都是非常重大的，因为建筑学是一门非常依赖材料的学科，对自然观察手段的进步也拓宽了建筑学的形式视野，实现建造方式的突破。

　　从自然的模拟到仿生观念的出现是重要的进步，这个进步是建立在达尔文进化论的基础上的。进化论指出了生物界形式和自然选择作用之间的关联，赋予了这些形式内在的合理性。达尔文的不定向变异观点否定了单向性的进化，他认为变异是随机的，自然生物的生命以各种形式存在，在自然力作用下保留下来的形式就是最合理的形式，同时由于竞争的残酷性，那些与自然作用无关的特征一般不会保留下来。由此可知，形式不仅经过了大量创建和试错，而且经过了简化和提炼，因此具有复制和借用的可能性。著名仿生学学者朱利安·文森特（Julian Vincent）教授用更深刻的能量理论阐述了这一个观念，他认为自然界生物形式的进化不仅仅是一种达到特定目的的选择，同时也是一个进行能量分配的过程，在生存竞争中，组成生物体的所有材料都是通过能量转换从自然界获得的，因此在形式生成的过程中必定最大限度地减少能量损耗，为此无用的部分在生物体中一般不会保留，同时有用的部分也不会超出其需要的限度，能量系统的自我调整使形式成为一种对应某种环境的没有冗余的完美模式。

　　仿生学让自然模拟形式有了理论依据，同时赋予了这种形式借用以科学性，但对建筑学来说，仿生的目的与建筑的意图并非完全重合。首先，建筑的需求和自然需求不是完全对应的，毕竟有机世界和无机世界不能完全等同，生物在生长过程中形式有不同发育阶段，体态、体形呈现动态变化，而特定的建筑则不可能在使用中不断地进行变形，建筑的形式规则只能

图 3-3　沙里宁用中世纪城市肌理与人体肌肉切片进行对照

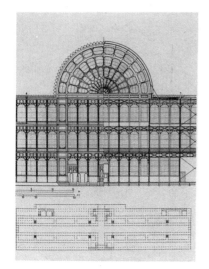

图 3-4 水晶宫正立面

图 3-5 王莲的沟垄结构

以历史发展的方式体现出来，同时建筑学的目的也不仅仅是材料的最优利用和能量节约，还要满足视觉和功能的需求。对于建筑学来讲，一种真正有意义的创新不仅仅停留在技术的进步上，还要带来形式上的革新，并且能以建筑视觉语言的形式呈现出来。正因为如此，对形式完整性的偏好往往使建筑师忘掉了仿生的真正意义，把自然的形式来源夸张地使用在建筑中。朱利安·文森特曾经批评英国万国工业博览会上水晶宫的设计，指出其所谓的仿生徒具形式，他说："生物和设计（尤其是建筑设计）之间的相互作用有悠久的历史。大多数设计的装饰，可以被称为生物形态或动物形态。这种形状可能非常具有吸引力，但却缺乏功能优势。"[5]

通常观点认为，水晶宫的结构是采用仿生学模仿王莲的结果。1837 年一位英国探险家在圭亚那发现了一种巨大的水生植物——亚马孙王莲，园艺师约瑟夫·帕克斯顿得到了这种植物的种子并在自己的花园中种植。据说帕克斯顿偶然发现其庞大的叶子在水上具有坚固的结构和良好的稳定性，甚至可以托起一个儿童。通过进一步的研究，他发现王莲叶子的承载力和稳定性来自其背面粗壮的叶脉，这些环形交错的脉络体系形成了立体的网状结构，在疏密、粗细等多个维度上体现了变化的特征。他把这种结构应用于设计，运用到为万国工业博览会设计的展馆水晶宫中，用铁质框架形成的沟垄（ridge and furrow）作为结构、玻璃作为覆面，创造了轻盈的结构。该建筑除了外形具有简洁明快的特点之外，构件还可以预先制造，降低了建筑成本，加快了施工速度。其独特的叶脉构造方式在当时建筑界引起了轰动。（图 3-4）这种类似于王莲叶子结构的沟垄系统是王莲在亚马孙雨林环境中为充分展开而形成的一种材料极小化形式，其完美程度达到了让人惊叹的地步。（图 3-5）朱利安·文森特在评价水晶宫的设计时指出类似于王莲叶子的这种结构其实最早是由一位叫作约翰·克劳迪斯的园艺学家创造的，但他设计具有这种结构的玻璃温室的本来目的是最大化引入光和热，尤其是在太阳高度角比较小的清晨和晚上，从这个角度他认为水晶宫不能被定义为仿生建筑。用今天的标准评价，把王莲叶子悬挂在正立面上的做法确实是形式化的，很难给予其过高的评价，然而从建筑师的角度，即使这个结构并没有精确地再现王莲的材料利用方式，而且过多吸收热量的效果是负面的，水晶宫的沟垄形式仍然可以看作对材料的革新做出了形式的回应——而且是通过模拟自然实现的。

协调仿生和建筑形式矛盾的方法其实也隐含在仿生学的概念延伸中，按照朱利安·文森特对仿生学的深入理解，仿生的过程是发展的，也是多层面的，因此形式的获得也呈现多个层面的需求，从生物界中提取的概念越抽象就越适用于其他领域的研究。仿生学的目的在于获得抽象的方法而非具体的形式，在应用中再通过抽象的理论还原为具体的形式，这样形式就能够展现出与抽象规律内在的一致性。（图 3-6）因此，建筑学对形式的探求不能盲目地停留在自然事物的表象上，还要深刻认识形式的内在机理，毕竟对于建筑学来说，无论是科学仿生学还是对建筑意象的自然模拟，其真正意义在于寻求自然界对形式作用的规律并为我们提供建筑形式来源，自然不会把我们需要的形式自动呈现，所以形式的探索是一个从认识到实践的艰难过程。

在建筑设计领域，材料对形式的关键作用体现在两个方面：一方面，材料在外在条件尤其是力学要素作用下能达到性能的极限，这样形式才具有唯一性；另一方面，反复的实践就像自然选择一样使形式变得纯粹，不需要的部分逐渐消失，形式才会有价值。正如密斯所言："当技术实现了它的真正使命，它就升华为艺术。"

3.2 建筑的建造形式

3.2.1 材料在建造实践中的形式

尽管从广义上说自然包括了一切存在，但自然现象不是形式的唯一来源。人类必须认识到现象的关系之后才能把形式确定下来。在建筑历史上，无论一种形式来自自然模拟和借用，还是来自思维和推理（理性），最终都要靠实践和实验达到材料和形式之间的契合。从古罗马时代起，人们就肯定形式确立的关键是人类自身的实践。在《建筑十书》里维特鲁威就指出形式的来源应该"根据研究和观察的结果，从不肯定、不确实的判断达到确定的均衡理论"。他总结了多种原始的木构形式的形成过程，把原始建造看作形式的源头，最早揭示了建造实践对形式生成的意义。

在很长一个历史时期，每当新材料在应用上遭遇形式的分歧或者人们对装饰形式的必要性产生疑惑时，人们总是要回头去原初的建造中寻求形式的逻辑，在 18 世纪中叶所著的《建筑论》中，神甫洛吉耶就试图用原初小屋回溯建筑形式，用以对抗当时在形式上的滥觞，试图从建构逻辑中获

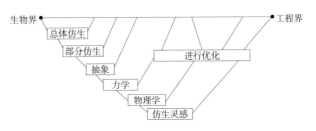

图 3-6 仿生图解

得形式超越的先验性。相对于中世纪神人合一观念带来的形式附会,这种理性态度的优越性不言而喻,因此他的原初小屋也成为其后一个世纪理论争议的起点。用结构理性主义者的逻辑来衡量,形式复原并没有反映出材料和形式严格的对应关系,但是承认原初小屋的存在本身就体现了材料和建造对形式的统摄地位。

在考古学的影响下,19世纪的辛克尔对建筑和建造材料之间的关系发表了更为激进的观点,甚至影响到了20世纪的密斯,辛克尔提出:"如果一座完整的建筑物结构,可以从一种单一材料中来,用最为实际也最美丽的方式获得了它鲜明的个性,又可以从不同的材料——石头、木材、铁、砖,通过它们各自独特的方式,获得了明显个性的话,这座建筑物就具有了风格……"他通过对材料和形式关联性的强调表明自然模拟和历史继承都不是形式的本质。文艺复兴后期,对材料使用方式的重视逐渐超过了对历史根源的追溯,19世纪中叶,随着新材料的广泛应用,一场更大规模的建立在材料基础上的形式争论再次从原始棚屋开始:森佩尔从材料的工艺起源出发,提出了原始棚屋的四要素,试图把各种材料都纳入他的形式体系中去,尤其是他提出的饰面理论,不仅仅把材料的应用和建筑的结构特征联系起来,还把建筑表现(即视觉形式)也归于材料和工艺的作用,这样材料在形式方面既是一种理性来源,也具备了视觉的意义。

森佩尔按照科学(广义)作用于艺术的方式将建筑理论的观点分为三类:历史主义、唯物主义和图示主义(系统主义)。虽然材料作用于形式的过程的确与人类学的工艺紧密联系,但他似乎过于强调这个来源的唯一性,以至于他不得不在他的文章中专门阐述一种形式——为了完善构造而与外界无关的自维持形式,其实就是自然呈现的形式,用以解释雪花和植物等形式在建筑中被普遍借用的现象。对材料的理性态度在法国的结构理性主义者那里达到顶峰,铸铁工艺的成熟和混凝土的应用使建筑形式受到了更加强烈的冲击,迪朗、佩雷的理性思想与柯布西耶建筑中的理性精神是一脉相承的。维奥莱-勒-迪克曾经极端地指出: "给我一个结构我会给你找出其中的形式,但是如果改变结构,形式就随之改变,当结构已经改变,外表随之改变,而精神不变。"这个言论和后来现代主义对功能和形式关系的表述如出一辙,但显然把功能作为建筑形式核心的主线在现代主义理论之后已经断裂了,在材料和技术的发展变化中,形式不可能始终是功能的副产品,无论这个功能是指材料的有效性还是空间的利用。

即使没有计算机的应用,材料和形式之间的关联也会在实践中显现出来,高迪采用反向静力图推导出的形式已经超越了人类主观思维能够创造的限度,无疑在材料和形式直观联系的道路上走得更远。当今材料和建构的形式探索已经和数字技术融为一体,计算机模拟已经成为形式生成的普遍手段,非线性的形式应用也非常普遍。对形式而言, "能做成什么"有时候比"想做成什么"更有意义。

3.2.2 形式探索的技术视野

无论一种形式是来自自然并在实践中得到了验证,还是在实践中展现了技术的形式,并进而体现出形式和自然的相关性,都可以看作对形式的理性认识。追溯历史中的理性形式的来源并同今天的形式探求衔接是本书研究的目的之一，然而在现实中，今天的我们已经很难排斥形式在建筑上的先验性了，随着科学的进步和计算机技术的发展，各种新形式的来源层出不穷，比如通过计算机模拟生成的非线性形式已经大量出现在建筑实践中，这些形式建立在拓扑几何、混沌理论等基础上，既不像自然形式的呈现，也不是理性的建造结果，然而这些形式是否可以不经过材料的实践操作就引入建筑学的体系中来？如何看待这种先验的形式？

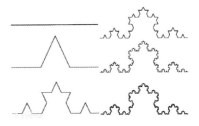

图 3-7　Koch 分形曲线的生成过程（5 次迭代）

　　客观地说，这些形式绝不是完全脱离自然的天启概念，它们很大程度上反映了当代科学对于微观和宏观世界的深入探索，并在新的尺度和层次上产生了新的形式抽象，著名的分形理论就是一个例子。20 世纪 70 年代，曼德尔布罗特（Mandelbrot）在《科学》杂志上发表了一篇名为《英国的海岸线有多长？统计自相似和分数维度》的论文，文中阐述了分形的理论。曼德尔布罗特发现，从空中拍摄的 100 公里长的海岸线与 10 公里长的海岸线放大以后非常相似。他把这种部分与整体以某种方式表现出相似的形体称为分形（fractal），在此基础上他创造了分形几何学（fractal geometry）并阐述了分形的理论。（图 3-7）可以设想，如果没有 20 世纪航空技术的发展，就不会有航拍，甚至不会有卫星图像识别的概念，也就不会发现事物在不同尺度层级的自相似现象。人们可能像在前一个 5 000 年间一样，尽管整日在海岸线活动也难以发现分形的规律，因此可以说形式的发展正是人类认识手段拓展的结果，是一个新层级上的自然模拟。

　　我们可以把这些在形式方面的超前尝试看作对新的建构手段的先导，通过拓展建筑学的视野，促进新材料和技术的发展。今天人类在微观和宏观的视野拓展的基础上发现形式，同历史上人们通过观察自然获取形式在本质上是相同的，因此用当代技术去拟合新的形式，与历史上自然形式的模拟也具有相似性，虽然这一过程显得盲目和僵化，但只有如此，我们在实践中的形式拟合才能促进材料自身的发展，作为一门新的学科，材料设计和建筑设计之间的联系也越来越紧密。

　　材料和形式的这种制约关系却促使我们思考：为什么引入建筑的形式在许多时候不能很好地融合在建筑中，显得矫揉造作、勉强和夸张？这使我们不得不回头考察材料的作用和影响。维奥莱 - 勒 - 迪克曾经说过：对于建筑师来说，建造就是依照建筑的本性与本质来运用它并以最简单和最有力的方法来达到目的的意图。他还认为：首先要了解你想使用的材料的特性，其次赋予材料以符合建造要求的功能与强度，从而使建筑呈现出某种最精确表达这种功能与强度的形式。所有这些要求和 20 世纪密斯所提出的"少就是多"的理念都是一脉相承的，追求材料和建筑形式之间的内在逻辑关系，包含的意义就是发挥材料的极限性能，或者将不必要的材料最大限度地减少。这种实现简约形式的做法当然不会是建筑形式的终结，因为建筑毕竟不仅仅是一个技术表现的舞台，但是在新材料的形式被确定之前，极少化是一种必需的操作，奥卡姆剃刀（Occam's Razor）原理阐明了这个操作的意义，即"如无必要，勿增实体"，该原理又称为简单有效原理。

在建筑中用极限的手段使用材料往往被冠以经济之名，但这并不是材料理性的做法之初衷，理性的目的是将材料的使用和形式对应起来。在静力学分析和实践中得到的极限与仿生学中去除冗余的目的是一样的，但是仿生学的极限是通过效仿自然界能量制约得到的，而静力学中极限形式的获得则需要建筑师对材料使用的精确性进行推敲和判断，无论是康对拱券的执着，还是密斯的最小梁截面，抑或是莱特对约翰逊制蜡公司柱体的极限要求，都表明，在材料形式获取的过程中，建筑师必须表现得更像一个严谨的工程师，材料极少化和极简化不是这个时代特有的形式手段，它一直存在于建筑历史上。

3.2.3　在极限中涌现形式

如果说形式问题仅仅是材料极限的问题，我们不免又重复了法国古典结构理性主义者对材料形式的极端认识。迪朗就曾经把建筑构件列成表格作为建筑学的教学内容。对他而言，材料存在一个最佳的形式，只要确定了这种形式，建筑就可以在告别古典时代以后进入一个新的经典阶段。然而，20 世纪材料的进步和形式发展却启示我们，即使是相同的材料，凭借制造技术和加工技术的进步，也可以获得更大的形式展示空间，换句话说，不同尺度的材料组织方式才是材料形式自由的真谛。

材料在建筑设计上有自己的自由度，它可以在不同尺度层级上表现出对形式的限制。某种材料一定要在某一个尺度上才能体现出它的极限特性——如果说简约是对材料与形式关系的定性认识，那么材料的尺度和层次性就是用量化方法探求材料对形式作用的具体性。德国哲学家亚瑟·叔本华对建筑的表述延续了黑格尔和谢林的理性观点。他认为艺术的原则是自然意愿的客体化，他不同意建筑形式可以比拟于人体的观点。既然所有柱式的法则，以及由此产生的柱子部件的形式和比例，直到柱子的最微小的细部尺寸，都是根据一个对已知荷载的广泛考虑的支撑概念而定的——这是一个被很好地理解并取得了很好效果的概念，因而在这里认为树或者人体形式都可以是柱式原型的想法是多么错误。他提出，为了达到美学效果，建筑必须有真实的尺度。这些来自建筑学之外的言论显得比较激进，似乎排斥了自然形式的价值。然而恰恰是这些言论反映了这一问题的本质：对自然形式的借用不是形而上的，自然意愿的表现也不是无条件的，而是在一个特定的尺度之下，而人和树木都只能表达这个规律中一个特定的个体，材料需要在各自的尺度层面满足极限的原则，毕竟一个没有量级的极限也无从谈起。

因此，来源于材料的形式——不管是通过模仿得到或者从实践中来，就和符号学的形式做了明确的切割，保证了作为底层形式来源的唯一性和创造性。尺度的思想虽然很少被人明确地提及，实际上却深刻影响着材料的使用方式。早在 15 世纪，阿尔伯蒂就关注了建筑尺度和材料之间的关系，他区分了房屋和大厦，指出了二者之间的区别；在他看来，一个大厦的部件就应该有大厦的宏伟，这似乎是一种有机的概念："身体的各个部分应该彼此对应，同样，一座建筑物的一个部分和另外一部分也应该呼应……"然而这种思考也许只是模糊感受到了材料在不同尺度下的差别 [6]。

科学的发展促进了材料极限的研究，18 世纪 30 年代人类通过实验几乎测定了所有主要的建筑材料的极限力学性能。最早源于材料的形式是在工程师那里产生的，1768 年在塞纳河上土木工程师 R. 佩罗内设计的纳伊桥（Neuilly Bridge）采用了与原来古典石制拱桥完全不同的形式，其桥墩尺度只有跨度的十分之一，而早先采用同样材料的桥梁构件尺寸要大一倍。（图 3-8）因此，托马斯·特尔福德指出："在小型砌筑桥梁里，设计者可以采用看起来最美丽或是实用的无论什么样的曲线……但是当桥梁跨度变得更大，并且采用了更能承受拉力的材料以后，运用数学以及基于材料强度的应力分析就变得越来越重要了，因此，从 1750 年以后，建筑与土木工程的主要不同是尺度的悬殊。"[7]

关于材料极限的探讨到了现代主义建筑时期达到了顶峰，自文艺复兴以来，复古和革新、限制和自由之间的争论最终在结构师和建筑师对立式的协作中取得了一致。钢、混凝土和玻璃对应的新形式体系在 20 世纪几位建筑大师的引导下实现了完形，这些建筑大师同时也是结构大师，在追求材料的极限方面他们的工作堪称完美。在一个材料转换的时代，正如森佩尔所解释的那样，不仅需要从材料实践中提取形式，还要为技术加上面具，以此满足人们对形式的生理、心理的双重需求，而作为历史形式载体的符号不得不被收进历史的博物馆，但吊诡的是，这个完形的新形式体系此后成为人类符号体系的一部分，现代主义给出的不可动摇的形式法则又成为新世纪的古典法则。

必须承认，尽管现代主义的新材料体系与形式的衔接工作是杰出的，并且以新的建筑美学理念结束了 18—19 世纪材料革命给形式带来的困境，但关于材料表现形式的探索却没有停止，人类的科技进步也没有结束，而是进入了一个停滞期，用怀特的能量理论进行深层次解读就是——人类的能量技术在 20 世纪以来没有决定性的突破。材料尺度拓展来自两个方向，一个是空间规模的扩大，

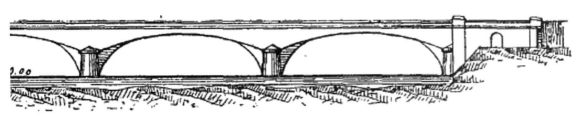

图 3-8　土木工程师 R. 佩罗内设计的纳伊桥

另一个是材料截面的缩减，这些都对材料极限提出了新要求。在材料表现潜力的探索中，巴克敏斯特·富勒（Buckminster Fuller）和弗雷·奥托（Frei Otto）是杰出的实践者，奥托在材料尺度的认识上超越了模数和人体这种传统概念的束缚，他创造了 BIC 这个单位用来表示一个施加在物体上的力及传递这一力的距离之间的比率，把材料的尺度（也就是空间的向量特征）和其力学特征直接联系，表示受力与形式的对应关系。这意味着建筑师已经试图将材料的形式作为一个整体概念与视觉直接联系起来。

3.3　形式的提取与实证主义

3.3.1　建筑形式的前意识

通过论述材料的限度与形式的关系，我们看到了材料发展带来的形式自由。为了探讨这种形式自由的"度"，首先要建立一个研究模式，考察材料通过何种方式作用于形式的进化，或者说层级的建构如何拓展材料的形式？材料建构和空间形式可以解析为密斯所说的"能做什么"和"要做什么"的问题。因为人类对功能和空间的要求是弹性的、动态的、发展的，在一般情况下，人们尽可能争取技术上能达到的最大可能，这也是人类进步的过程，而在一个贯穿历史的形式追索中，功能和空间是一个不定量的动态需求，成为第二性的问题，"要做什么"的问题是以"能做什么"为前提的。

强调形式在建构中生成并非排斥空间的价值，空间和功能的要求是以尺度和层次的方式表现的：大空间必然给材料带来新层次的建构方式，而功能的含义也无非是空间的组织和层次布置，因此我们可以用尺度和层次代替空间和功能作为我们研究的输入条件。鲁道夫·阿恩海姆指出：功能绝对不是建筑的形式的根源。20 世纪功能主义的内涵远不止使用功能本身，还包含了技术的有效性和材料的限度。

在探讨材料限制下的形式层级之前我们必须建立一个起点，这个起点是人类最原初的建造，无论这个建造是模拟自然的行为，还是本能所致。在对最初形式的辨析中我们可以明确形式生成的逻辑。正如约瑟夫·里克沃特（Joseph Rykwert）所言："如果建筑的功能要在经过多年的忽略后再次被理解……建筑师不可避免地必须像游戏中的筹码一样使用那些基本形式——无论游戏简单还是复杂，才能创造最简单的形式表达最复杂的思想。"[8]

3.3.2　原始棚屋的建构

在追溯形式源头的研究中，原始棚屋（原初小屋）是一个起点。许多建筑师和理论家都曾尝试通过对原始棚屋的研究寻求人类建筑的本质。18—19 世纪，这种趋势在一些经院哲学家和建筑理论家的引领下达到了高潮，这也暗示了从 18 世纪开始材料和技术进步带来的形式困境。在这个背景下，原初小屋的研究就成为一个现象学还原，可以屏蔽既有形式的束缚，找到形式生成的原则——这个过程对建筑形式发展具有重要的价值。在《亚当之家》（*On Adam's House in Paradise*）一书中，里克沃特对原始棚屋观念做了全面汇总。

原始棚屋是形式的载体，但对形式的追溯却有不同的角度，目的也不尽相同，因此里克沃特最终也无法得到一个共同的、确定的原始形式。他的结论是：对更新的渴望是永恒和不可避免的，社会和知识的张力持续存在就保证了这种渴望不断产生，人们总是在季节变化和启蒙仪式中去寻找更新，像理论家通过引用原始棚屋来改革堕落的习惯和实践。建筑师关心的原始棚屋，也许永远位于历史学家和考古学家触摸不到的地方。伊甸园是一个承诺，也是一个记忆。最终的原始棚屋不是一个具体的形式而是灵魂之屋（House of Soul）——这个结论是恰如其分的，因为仅从技术和材料角度上根本无法确定唯一的无懈可击的元形式，只有人类在为自己寻求精神归宿这一个层面时才能达到最终的一致。尽管如此，在这些探索中表现出的丰富的甚至相左的形式是弥足珍贵的。虽然终极形式并不存在，但是众多建筑师建立的形式模式却有迹可循，把原始棚屋的形式放到技术和材料发展的历史中去，可以看到一个独立于精神和意识之外的精简的形式线索。

原始棚屋源自人类内心对庇护的渴望，这是一个具有哲学意义的结论，但是对于建筑形式的认知而言，仅仅把形式看作象征是不够的，我们必须去掉建筑形式中符号的面具，才能找到历史中真实的脉络。也许我们会被问及如何区分一种形式是来自人类文化还是来自技术，这个问题的要害在于形式自身意义的多重性，一个特定的形式不可避免地同时带有文化符号、技术手段及视觉心理的特征，答案是我们仍可以用现象学的方法屏蔽我们不做研讨的部分，在理想的、虚拟的认知环境下，一个具有完全生理机能而无知识的人、一个只理解技术却没有人文历史知识的工程师都是可能存在的。

在《亚当之家》中，林林总总的观点反映了对建筑形式的认识论上的对立——如果这些概念代表了理性和唯一，那么习俗、理智就代表了现实和思辨，这样两组对立就表现为物质和形式之间的对立以及理性和经验之间的对立，它们之间并非简单的二元对立，而是复杂的多层次的交叉关系。

3.3.3　原始棚屋理论归纳

1. 形式主义（Formalism）

在形式主义的追溯中，物质的真实性是被遮蔽的，所谓的真实性存在于人们的视觉和知觉当中。"原始人……他本能地采取直角、轴线、正方形、圆形，因为他不能创造出别的可以使他感到自己正在创造的东西来。因为轴线、圆、直角都是几何真理……几何学是人类的语言。"[9] 柯布西耶认为，在对原始形式的还原中，人是没有文化负担甚至没有技术束缚的，或者说人是天生的艺术家。帐篷是否为人类最早的建筑形式是值得探讨的，但对柯布西耶而言，早期建筑起源于张力结构抑或砌筑结构根本无关紧要，最重要的是这种形式是不是一种超越人类认识的宇宙图式。（图 3-9）形式主义者对形式先验的笃信不仅仅在于他们无视技术的来源，技术的现状同样不能束缚他们对形式的执着。艾蒂安 - 路易·部雷（Étienne-Louis Boullée）认为形式只能通过模仿从自然的规律中获得，形式主义者对原初的建造过程漠不关心。因此，从自然中抽象出来的球体，虽然在早期人类建造历史中难得一见，却成为牛顿纪念堂的理想形式。形式主义者的原始棚屋是形式自治的，在他们眼中，原始棚屋从一开始出现就是完美的。

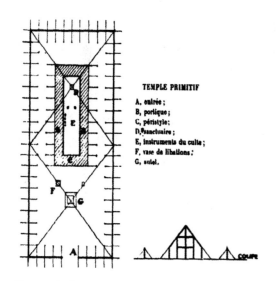

TEMPLE PRIMITIF

A, entrée ;
B, portique ;
C, péristyle ;
D, sanctuaire ;
E, instruments du culte ;
F, vase de libations ;
G, autel.

图 3-9　柯布西耶的原始建筑图示

　　形式主义者并非不继承历史的形式，不过在他们看来，形式的起源和逻辑无关紧要，最重要的是形式在历史中能留存下来的原因，即通过人们视觉上的取舍成为一种完备的形式，暗含着自然（宇宙）的规律，甚至归结于神的意志。这种对形式的狂热态度也表现在文艺复兴时期对古典柱式的继承上。一般认为克劳德·佩罗是理性的古典主义者，他发展了维特鲁威的柱式，并提出了实在美和任意美的区别。他承认美来自建筑的客观要求，但是从材料的真实性角度看，他也是一个形式主义者。他的理性并非物质的理性，乃是形式的理性。佩罗认为，建筑的美分为令人信服的美和随心所欲的美，令人信服的美指的是材料丰富、建筑雄伟对称，对称说明了那种产生显著而又摄人心魄的美的比例。这个形式的完美程度对任何人都是等同的，是一种超越材料的具体形式。然而仅仅有这种美不足以完成建筑的形式，好的作品建立在第一种，也建立在第二种美的基础上，但是可以肯定的是熟悉随心所欲的美对形成所谓的品位更重要。对佩罗来说，除了需要保留柱式中那些不言自明的形式，还需要一个优秀建筑师用自己的视觉（知觉）体验对这个形式进行具体化和完形，这才是建筑的全部。总之，佩罗认为对称或者说匀称就是客观美本身，而这正是布隆代尔所反对的"天赋与经验的产物"。

　　理性主义者和形式主义者之间有一个明显的区别，那就是对待希腊建筑和哥特式建筑的态度不同，希腊建筑无视材料的逻辑但是展示完整而自足的形式，哥特式建筑则对逻辑的力学形式进行精确再现。这一对立可以把真正的物质（结构）理性主义者和形式（先验）理性主义者区分开来，柯布西耶在《走向新建筑》一书中对希腊建筑极尽推崇，将视觉认知中的几何形式奉为圭臬，这都表明了他绝不是一个结构理性主义者，甚至也不是一个普遍意义上的机能主义者，而是一个形式主义者。虽然形式主义的还原拒绝对材料和技术做出回应，但是实际上这个过程在风格形成中必不可少，因为技术收集和完善了形式。里克沃特认为柯布西耶对形式的追溯和还原带有一种武断而非历史的态度：柯布西耶所谓的原始人并没有那么原始——他们是驾着战车拿着利斧的文明人，这些原始人的工作不是在建造中摸索，而是选择既有的完美形式，同时按照自己天生的才能与秉性将其表现出来。我们可以给形式主义者的原始棚屋一个最好的概括——既有形式的完形。

2. 理性主义（Rationalism）

用"理性"这个词来概括与形式主义相对的倾向是困难的，在形式主义者的原始棚屋中，形式自身就具有不可辩驳的理性，或者说极端的形式主义者是不折不扣的唯理论者，正如笛卡尔试图用数学解释一切事物，他的机械理性本来就以机械的组织方式为蓝本，认为人们通过理性直观得到形式，因此形式只能从理性中来。然而，盛行于 19 世纪的结构理性主义反对这种天赋形式的理性，坚持的是一种抽象的结构理性。黑格尔把建筑列于"各门艺术的体系"之首。他说，第一是建筑。它是由事物本身决定的艺术的开始，因为艺术在开始时，一般都还没有找到适合的材料和形式去表现精神的内容意蕴，所以只能摸索这种适合的材料和形式[10]。

因此，理性主义观念对人类早期形式的还原更接近历史的真实。法国著名建筑理论家维奥莱 - 勒 - 迪克作为他那个时代的结构理性主义的先驱，以一个故事的形式进行原始形式的还原："十二个体格健壮的人，青黄色皮肤，头上稀疏的头发耷拉下来遮住眼睛，指甲弯曲，在一棵茂盛的树下挤成一堆。大树的枝条被拉弯下来，用一块块泥土压住，风猛烈地吹着，把雨水吹进去，几块草垫几张兽皮根本不能庇护这些人类"，作为故事中主人公的伊泼哥教他们把小树木扎成圆形小屋，顶上覆盖泥土，地面夯实[11]。（图 3-10）十二个人代表了原始的人类，故事中的主人公则代表着人类的理性，他用自己的经验和技术对原始的自然加以改造，以对抗严酷的自然环境（风、雨），环境的恶劣暗示了原始的人类只能以最节约的形式对待材料和劳动，去建造一个满足最低要求的庇护所，因此这种形式体现了一种最小建造的结构逻辑。美国建筑师劳埃德·卡恩认为由于劳力和技术的限制，最早人们使用的是藤条、树枝等

图 3-10　维奥莱 - 勒 - 迪克的原始棚屋

柔软脆弱的材料，因此早期的建筑确实更像是编织出来的，至于形式，也许一开始早期的人类只是简单地将藤条顶端绑在一起，而另一端还留在土地里，这样一个最简单的结构和维奥莱 - 勒 - 迪克的原始棚屋是近似的，为了减少节点（绑扎和固定需要技术和劳动），墙和屋顶并没有分开，同时，顶部攒集在一起的绑扎固定方式让构件种类最少，同时构筑难度最小，这导致了辐射状圆形的平面，如同自然界中常见植物展开的形式。

结构理性主义者的原始棚屋比起柯布西耶的几何形帐篷，显得粗糙且不完善，但却真实地反映了原始人类在没有技术、劳力支持并缺乏材料认知的前提下探索建造的过程。结构理性主义者得到这个原型并非为了模拟这个形式，或者强调继承这个形式的价值。对他们而言，生成形式的逻辑价值大于形式本身。因此，维奥莱 - 勒 - 迪克并不建议 19 世纪的建筑模仿他推崇的哥特风格，却希望将其中的理性原则抽象出来，将现代技术的进步解释为哥特式建筑的逻辑延续。在他的辞典中，建造就是依照材料的特性与本质运用它，并表达出以最简单和最有力的方法来达到目的的意图。这种法则就是他试图在建筑中展现的来自人类知觉世界之外的科学理性。但相对于他所处时代的材料和技术，他对新形式的渴求太过激进，以至于他在创造新形式规则的尝试中困难重重，不得不回到哥特式建筑那里去强调永恒的规则。

对哥特式建筑的态度是检验理性精神的试金石。19 世纪结构理性主义者面对当时折中主义的形式泛滥，试图从建造的逻辑中寻找形式的权威。哥特式建筑无疑完全符合这种真实的艺术特质。许多建筑师对哥特式建筑表现出的精巧的构造逻辑大加推崇，因此哥特复兴风格盛极一时，拉斯金在《建筑的七盏明灯》中提出要反对三种建筑谎言：第一，一种结构或者支撑模式的表现，而不是真实的结构与支撑本身；第二，通过建筑表面上的油漆去表现其他材料，而不是实际使用该材料；第三，使用任何铸铁或者机械制作的装饰构件。这几点表明了结构理性主义者对材料表现真实性的执着，拉斯金对铸铁的排斥也是因为铸铁还没有成熟的理性形式，铸铁对应的形式应该建立在一种新的建筑规则体系之上。

结构理性主义者不仅仅表现出对哥特式建筑的崇敬，还表现出对希腊建筑的批判。具有哥特复兴风格的英国议会大厦的设计者奥古斯都·威尔比·诺斯摩尔·普金认为，哥特式建筑的完美体现在材料的应用上，中世纪的建筑师深刻理解了材料的特性，给予这些特性一种艺术的特质，相反地，他对希腊建筑中保留的木构形式大加鞭挞。至于拉斯金，他甚至把希腊建筑中丰富的细节表现称为奴隶性的装饰，与之相对，哥特式建筑的装饰则是一种革命性的装饰。维奥莱 - 勒 - 迪克、拉斯金等人在形式方面的探索具有方法论的意义，他们把理性看作一种形式生成的手段，正如我们前文所述，技术和实践永远是形式的来源而不是标准。当我们看到未完工的圣家族教堂的镂空塔楼时，就能理解哥特式建筑中蕴涵的理性精神为什么可以一直延续至今。

3. 经验主义（Empiricism）

经验主义认为人类知识源于感觉，对感觉的体验是认识的前提。亚里士多德坚持认为，感觉甚至知识都依赖外在客观的信念，那引起感觉的东西是外在的，要感觉就必须有被感觉的东西。经验主义与天赋论和唯理论是对立的，形式主义认为形式无须创造，近似于天赋论，而理性主义认为形

式不能借用只能推理，接近唯理论。论及经验主义在建筑形式
方面的影响，就不能不提到卡洛·洛多利（Carlo Lodoli），
这位威尼斯的修士对材料和建构的思考超越了时代，甚至有人
认为洛吉耶的原始棚屋是借鉴他的思想，并称他们为元功能主
义者，但实际上他们的观点并不一致，洛多利认为对原始棚屋
形式的追溯并不是为了模仿，同时形式也不能因此获得超然的
地位。

　　洛多利批评了维特鲁威对希腊风格的推崇，认为如果他
可以游历更多的地方，就能观察到建筑起源在材料方面的差
异，在砖石取材方便的区域人们就不会模仿棚屋，世界上有众
多的建筑形式。因此，原始棚屋的形式回溯并非为了模仿，同
时木材也不可能是唯一的材料。他的学生梅莫说，如果有原始
棚屋这样的东西，按照洛多利的观点，那它既不是模仿自然的
产物，也不是一种天赋的形式，实际上人们对最早的建筑的唯
一认识就是它是由人类的心智创造的，潜意识的知识或者原初
建筑是通过建造的过程发现的。正是这种心智，或者理解为原
初的知识，驱动先民进行最早的建构，因为不同的环境和材料
当然产生不同的形式，唯一的原始棚屋是不存在的[12]。（图 3-
11）

　　如果我们了解当时科学和历史的实际情况，就能理解洛
多利这种对形式唯一性的批判的意义。16—17 世纪，经验主
义与理性主义的争论是哲学主要的分歧。在《人类理解论》中，
洛克说："我们的全部知识是建立在经验上面的；知识归根到
底都是来源于经验。"

　　以牛顿为代表的科学大发现带来的理性并不是人类对自
然对世界认识的尽头，毕竟科学在发展中，真理也不会穷尽。
理性不能完全概括和指导人类丰富的文化和社会生活，这是
建构理念的思想根源。建筑的形式自身的丰富性只有回溯到建
筑原初状态，回到对待材料和历史过程中去，找寻洛克的简
单观念，用洛多利的人类的心智，才能发现维科的"诗性智
慧"，这也是肯尼斯·弗兰姆普敦《建构文化研究：论 19 世
纪和 20 世纪建筑中的建造诗学》一书的起点。法国学者夸特
梅尔·德·昆西（Quatremère de Quincy）的观点和洛多利是
一致的，他认为原始棚屋只能被当作文明人伟大发明的肇始，

图 3-11　洛多利对原始棚屋的多种考
　　　　　察和设想

图 3-12　经验主义对认识过程的表述

他承认原始建筑最初由树枝建造，后来才发展为树干，但是却认为模仿这个自然的模型不会把构筑物提升到作为建筑的位置，相反地，最重要的是建筑的原型——"帐篷、洞穴、棚屋或木工"。经验主义者在形式本源问题上拒绝模仿和否定唯一的原型。（图 3-12）

近年来，19 世纪德国建筑师森佩尔的理论被重视，他对材料和形式之间对应关系的解析对材料建构理论形成了强力的支持。他的理论与 18—19 世纪经验主义的哲学观念的兴起不无关系，经验论反对必然知识的独断论主张，反映在建筑的形式理论上，森佩尔延续了经验主义对美学先验思想的质疑，他依据考古学和人类学的成果，在建筑材料和工艺的基础上，提出了对建筑本质的思考。森佩尔首先宣扬了 "彩饰法"的装饰理论，以经验主义的态度对文艺复兴以来古典主义的天赋形式提出了挑战，指出人类建筑形式发展的历史或过程是经验汇集和传承的过程，因此他不仅反对以理性精神存在的希腊建筑的唯美比例，而且反对结构理性主义者推崇的实践。他认为："在尝试去掌握材料的过程中，实践是徒劳无益的，尤其是从思想的角度而言，实践从科学上定义它自己，并准备按照它选定的方式进行加工，但这是在它的风格经过很多世纪的大众使用形成之前。"[13]这种观念否定了形式与技术的严格对应，而试图追溯材料在形式形成中本质的动因，并将其作为形式的本源和风格的依据。他提出了四要素理论并将这些要素集合在他的原始棚屋——一栋在 1851 年英国万国工业博览会上展示的印第安棚屋中，这个原始（工艺已经成熟）棚屋包含了人类文明中四种与建筑相关的主要工艺，也就是他提出的动因。他认为所有文明的建筑形式都可以放在这个材料和工艺的框架中，在时间流逝中人们为这些形式加上面具，从而形成自己的风格。

无论洛多利的砖石和木头的分歧，还是德·昆西的三种原型，抑或是森佩尔的四要素理论，经验主义态度对建筑形式的还原非常重要，早期文明的材料和工艺差别导致了形式发展的分歧，这是一种建立在人类感知基础上的回应而不是推理的结果。正如巴克莱对这种感知的表述，知觉的内容无法离开经验的获得，可感知事物的存在就在于它们是可以被感知的，而不是它们实际上被感知。

4. 实证主义（Positivism）

实证主义作为一种西方传统的哲学理念，也强调感觉和经验，同时对形而上学持批判态度。法国哲学家孔德等提出把哲学的任务归结为现象研究，重视现象的归纳，认为科学定律可以通过观察现象并做逻辑推演来完成。实证主义者试图在科学和哲学之间架起桥梁，因此哲学与科学的关系是实证主义的核心问题。

实证主义的理念与古希腊斯多葛学派的观点有联系，斯多葛学派认为经验能够使人们对事物的外在进行认知和比对，但是隐藏在外表后面的真实性则不得而知，所以经验还要结合推断（逻辑）才能实现完整的认知。实证主义其实和经验主义并没有本质的区别，但是实证主义多关注假设、演绎的可测的、可验证的分析——综合研究方法，强调的是方法对知识的验证；而经验主义强调以概率为基础的可靠的知识创建的整体论的研究方法，强调的是经验对知识总体的验证。

这种朴素的科学验证思想从一开始就存在于人类古代的建筑实践当中，维特鲁威在《建筑十书》的第二书——《材料之书》中首先以经验的方式列举了诸多不同时期和文明程度的原始建筑类型，他用许多当时较为原始的民族的建构方式证明自己的推理，特别强调了叠木和构架这两种形式及多样性的屋顶材料。（图 3-13）他对原始建筑生成过程的描述非常独特："因为每天做工，就完全熟悉建筑的技艺，锻炼出智慧才能……不仅开始建造小屋，还有基础坚固而墙体砖砌或者砌石的住宅及木造瓦顶的住宅。于是根据观察研究的结果，从不肯定不确实的判断到确定的均衡理论。"[14] 维特鲁威的结论是一种经验主义的总结，然而他的独特之处在于并没有停留在经验的个别性上，而是把形式导向了一个特定的逻辑结论，这个结论在他看来是确定而均衡的，那就是以人体为模数的柱式体系。

在洛多利看来，个别的材料必然导致个别的形式，而形式之间的混淆是错误的，因此建筑只能按照它原初产生的形式发展下去，但是这样的发展并不符合逻辑：在小尺度的建造中材料当然可以和原始棚屋的形式相吻合，因为那就是它原生的形式，然而在放大建筑尺度的时候，材料的局限性就要催生新的形式。因此，对材料而言，没有永远适合的形式——木材的叠置和砖的叠置在形式关系上是一致的，类似地，哥特式建筑的砖石密肋拱已经表现出木结构的框架逻辑，而非罗马拱券中挤压形成的封闭形态。

因此，在实证主义者那里，经验终究要经过逻辑学的抽象并把关系描述出来才可以成为科学，为此维特鲁威把在木构支撑体系下推导出的柱式作为他的结论。同样作为古典柱式的支持者，修士洛吉耶的原始棚屋理念显得非常极端，他把柱子

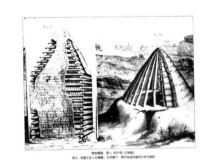

图 3-13　克劳德·佩罗根据维特鲁威描写复原的原始棚屋，分别表现了叠木和构架的建造形式

图 3-14　洛吉耶在《论建筑》中设想的原始棚屋

图 3-15　菲拉雷特设想的原始棚屋

看作支撑，楣部看作梁带，山花看作屋架，甚至拒绝柱子靠墙成为壁柱，同时也拒绝变形的山花。这其实是一种把受力关系最简化的图示行为，但事实证明，当结构力学真正建立起来的时候，结构图确实是以模式关系图来表现的，材料的差别并不影响图示的普遍性。（图 3-14）洛吉耶强调理性大于传统，他认为历史的权威永远不能阻挡只听从理智的人，但他的模式是通过人的经验得到，而非结构理性推算的结果 [15]。

他的经验来自对历史建筑的认知，逻辑实证则是通过对建筑构件关系简化和抽象得到的。他的追溯是为了定义一个架构的本源。实证主义者的还原包含了一个重要的事实，那就是由于人既是建造者又是使用者，最终导致了建筑中人体模数的产生，尺度是原始棚屋和材料联系起来的重要环节。菲拉雷特（Filarete）认为棚屋的高度来自对人体遮挡的最低要求，因此按照人体的高度搭建，这座原始棚屋的比例也是参照人体的尺寸与比例而确定的。这暗示了所有古典柱式中人体象征性的根源。（图 3-15）对实证主义者来说，他们不能赞同一种超越人类体验的理性形式，也不同意经验主义者把材料和形式对应的教条，米立亚齐认为："第一个原始的人造物——棚屋可以说是建筑的范例了，因为建筑必须从这个粗糙的模型中选取最美丽的构件，好好模仿它们，让它们变得高雅，用自然和建筑的使用方式吻合的风格处理他们……棚屋的变迁经历了几个世纪，有的是圆锥形的，有的是四方形的，有各式各样的改变，建筑艺术最后成长起来……似乎出现了比艺术更多的东西，这里似乎暗示了一个从艺术到科学的过程。"（《亚当之家》）

小结

在前文的罗列之后，本章需要对原始棚屋做一个汇总，探讨哪种方式可以作为研究的起点。当然对于具体的理论，我们的分类略显武断，毕竟一种理论很难不受到其他倾向的影响，一个人的观点也是在历史中变化和摇摆的。尽管如此，我们可以在认识论基础上引入我们的议题。

在这些错综复杂的论证关系中选择一种观点作为探讨形式发展的起点是困难的，这里存在世界观和方法论的交叉，最好的办法是把它们放在一个形式生成的体系和循环中去，给予特定的时间和空间，这样才能体现各种还原各自的意义。首先我们必须承认所有研究都是基于经验，因此经验主义提出的材料差异性是我们认识的起点，但这种差异不可能停留在人类学的历史考察中，必须在结构理性主义的具象实体中得到材料的极限形式，然后按照实证主义的知识和逻辑，把形式的结构关系确立并抽象出可以理解传播的形式，最后这个形式要在形式主义者那里实现符合人类的视觉和心理完形。（表 3-1）

表 3-1 原始棚屋的认知理论分析表

分类	理性倾向		经验倾向	
	形式主义	结构理性主义	经验主义	实证主义
形式唯一性	否认	承认	否认	承认
形式来源	天赋	实验	动因	逻辑
材料差别	忽视	重视	重视	忽视
历史继承性	不承认	承认	承认	不承认
评价标准	视觉心理	材料效率	传承关系	关系特征
代表人物	柯布西耶、部雷、帕拉第奥	维奥莱-勒-迪克、拉斯金、普金	洛多利、森佩尔、路斯	洛吉耶、维特鲁威、菲拉雷特
核心观点	形式是纯精神的事物	形式来自材料的合理使用	形式是不同材料体验的结果	形式是材料的逻辑关系

实证主义及其派生的系统结构概念是一个重要的支点，作为西方哲学中的一种传统，实证主义对人类的认识给出了一整套规则并赋予评价的标准，从而在对整个世界的认识中为我们界定何为知识，进而把知识纳入逻辑的体系中去。从经验的基础走向实证必须借助结构理性主义的方式，把材料纳入科学体系，在不同尺度和层次上认识材料，然后才能建立一个形式的网络，让各种形式认知都在这个体系中找到自己。

尽管我们能理解形式的提取是一个多重的过程，但在方法上我们仍然面对一个两难的选择：形式是否可以独立于材料存在？如果是，那么我们就对材料的滥用无可指责；如果不是，我们是否必须在每次建造中都面对材料的独特性？显然这不是建筑学中建构的现实。面对这个论题的分歧，我们不得不引入尺度的概念，去追寻在具象实体材料中的形式——大建筑在形式上应该是小建筑的放大吗？如果不是，那多大的建筑才是大建筑？材料在其中如何作用？这不仅仅是一个空间和知觉的问题，还是一个技术和建造的问题。在理解建筑的大小之前，我们首先需要知道自然的材料和尺度是如何协调的。

注释：
[1] 迈克尔·温斯托克：《建筑涌现：自然和文明形态之进化》，杨景春、马加英译，电子工业出版社，2012，第 210 页。
[2] 阿洛瓦·里格尔：《风格问题：装饰艺术史的基础》，刘景联、李薇蔓译，湖南科学技术出版社，2000。
[3] 孙丽娜：《基于仿生原理的可展开结构设计》，硕士学位论文，西安电子科技大学，2010。

［4］约翰·罗斯金：《建筑的七盏明灯》，张璘译，山东画报出版社，2006。

［5］Julian Vincent，*Structural Biomaterials*，3rd edition（Princeton：Princeton University Press，2012），p.249。

［6］莱昂·巴蒂斯塔·阿尔伯蒂：《建筑论：阿尔伯蒂建筑十书》，王贵祥译，中国建筑工业出版社，2010。

［7］彼得·柯林斯：《现代建筑设计思想的演变》，英若聪译，中国建筑工业出版社，2003。

［8］约瑟夫·里克沃特：《亚当之家：建筑史中关于原始棚屋的思考》，李保译，中国建筑工业出版社，2006。

［9］勒·柯布西耶：《走向新建筑》，陈志华译，陕西师范大学出版社，2004，第43页。

［10］姜丕之：《黑格尔论建筑美》，《同济大学学报（社会科学版）》1992年第1期。

［11］尤金-艾曼努力·维奥莱-勒-迪克：《维奥莱-勒-迪克建筑学讲义》，白颖、汤琼、李菁译，中国建筑工业出版社，2015。

［12］Marc J. Neveu，"Architectural Lessons of Carlo Lodoli（1690-1761）：Indole of Material and of Self"（PhD diss.，School of Architecture，McGill University，2005）.

［13］戈特弗里德·森佩尔：《建筑四要素》，罗德胤、赵雯雯、包志禹译，中国建筑工业出版社，2010，第135页。

［14］维特鲁威：《建筑十书》，高履泰译，知识产权出版社，2001。

［15］马克-安托万·洛吉耶：《论建筑》，尚晋、张利、王寒妮译，中国建筑工业出版社，2015。

第 4 章　材料的极限与层级

"所有形态和系统都是随着时间变化而变化的，自然系统和文明之中的文化系统也概莫能外……世界上所有的系统，不管属于自然界还是文明系统，在指向关键的临界点之前，都会进化，（系统解体和重构）之后，人类和子系统被重新纳入一个能量和信息流更高、更复杂的的系统之中。世界正处于系统性变化的边缘，所有的自然和文明系统都将产生急剧的变化，新的形态将会涌现。"[1]

——迈克尔·温斯托克

《建筑涌现：自然和文明形态之进化》

想要全面认识形式与材料的关系，只关注 18 世纪以来建筑形式在材料变革影响下的发展是不够的。同样，想要剖析材料在自然作用下改变形式的机理，只对人类建造行为进行考察也是管中窥豹。今天科学的发展逐步把多重线索连缀起来，材料的极限与层次也在这种形式变迁中被呈现出来。

在迈克尔·温斯托克看来，人类文明发展所呈现的涨落特征从根本上是自然力作用的结果，也是能量流动的终极表现。他认为从高密度燃料中提取能源的过程与信息传播速度、形态差异性和数量方面的发展共同演进，信息网络的全面形成和利用也经历了类似的过程。伴随着石油和天然气利用、合成物质、电视与电子计算机的发展，基础设施和网络都增加了系统的复杂性。我们可以大胆推断，材料的发展也是能量密度提升的结果，在这一前提下，当今图像化和网络化的形式发展潮流就像人类历史上文字和语言出现一样，是与能量发展伴生的信息密度提升的结果。由此，建筑的形式也必然出现组织化、

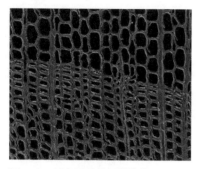

图 4-1 杉木导管的显微结构

系统化的表皮及对应的图像化特征。我们尝试从一种发展的视角解读材料，把材料在认识和建造过程中的发展与人类受到的制约对应起来，寻找材料在技术的局限下如何呈现出自然所遵循的必然和不可改变的规律。

4.1 物质的自然限度

4.1.1 天然树木的极限

关于材料的自然极限，人们可以在自然中直接观测到。最常用的建筑材料之一——木材是在森林中以树木状态存在的，世界上最高的树木之一是加利福尼亚州的北美红杉，有的高达115.7 米，相当于 30 层楼的高度。树木生长存在极限的原因之一是液压限制假说（Hydraulic Limitation Hypothesis），由迈克尔·瑞安（Michael Ryan）在 1997 年首次提出 [2]。2004年，美国北亚利桑那大学的乔治·科赫研究了影响红杉高度的几个因素，他认为树木的机械强度主要来自木纤维。松柏类树木 90%～95% 的木材体积由导管组成，导管既可以传输水分，也起到机械支撑的作用。导管的机械强度主要由导管的直径、长度和厚度决定。在树木直径相同的情况下，导管壁越厚，导管越细，机械强度越高。为了获得更高的机械强度，树木的导管倾向于变细，而不是无限增加导管壁的厚度，这样可以减少树木的材料消耗，同时减轻自重。但对于导管传导效率而言，过细的导管不利于传输，导致导管的传导量达不到长高带来的木材体积增长的要求，树木便没有足够的能力进一步长高。（图4-1）

对树木而言，顶部侧枝的枝干结构更有价值，树木必须向上呈放射状增大自己的展开度，但作为支撑结构的主干不能无限增大。在与之相类似的人类血管的网络系统中，人体可以通过加大主干管主动脉的内径实现，因为人体的重量由另一个支持系统（骨骼和肌肉）来负担，但树木在机械强度的制约下，只能通过调节分枝的导管数量和 / 或改变导管直径来补偿传导效率的损失。松柏植物截面导管面积占截面面积的比例随着高度增加反而减小了。在高度要求下，树木通过减小支撑结构的管径、管壁厚度并增加数目的方式实现材料效率的最大化。导

管的机械强度和传导效率之间的博弈决定了树木的内部形态。（图 4-2）

　　对比导管传导效率所带来的管径限制和人类在建造中材料与技术的极限，就会发现树木的结构模式与高层结构中的束筒结构具有一定的相似性，单个筒体即使通过加厚筒壁也难以无限增高，而增加筒体数目并减小筒径成为层级结构就比较容易满足高度的要求，这就是由材料和技术的限度所带来的形式。当然，以人类目前的建造水平还难以达到生物结构的层次复杂性，这种借鉴并非全盘复制。由此得知，木材（木纤维这种高分子有机物）的极限是通过改变层次性的结构来实现的，而不是简单地放大构件的尺度。要想改变尺度的极限，形式（结构拓扑）必须随之改变——这是材料自身的建造艺术，也就是建构的艺术。

图 4-2　血管和树枝的分支结构呈现类似的形态

图 4-3　巨型恐龙和人的比例关系

4.1.2　动物与平方 - 立方定律

　　动物的形态比较复杂，由于地球的地质变化，现存的动物经历过大灭绝，大象等现存动物并不能代表陆生动物的极限。古代的恐龙体形更加巨大，虽然远古时期地球大气成分和气温与现在有所不同，但是材料、生物机能和地球重力作用的方式是近似的。2014 年在阿根廷巴塔哥尼亚地区发现迄今为止最大的恐龙化石，这可能是地球上已知的最大陆生动物。根据骨骼复原的恐龙体长约 40 米，高达 20 米，重 70 余吨。根据生物学研究，动物谱系在进化过程中有逐渐变大的趋向，这种越变越大的进化趋势有利于物种的生存，被称为"柯普法则"。但是动物体形却没有无限增大下去，即使最大的恐龙也无法同蓝鲸相比，水生动物的体形大大超过了陆生动物，就是因为浮力抵消了重力的影响。（图 4-3）随着动物体形的增大，重力发生几何级数的变化而非线性变化——这种力学中的尺度效应是伽利略最早发现的，1638 年他发表了科学史上的杰作《关于两门新科学的对话以及数学证明》。在书中伽利略用轻巧的鸟骨头与笨重的恐龙骨头做了对比并得出结论：承重能力与尺度呈平方关系，而自重与尺度是立方关系。这就意味着自重的增加比承重能力的增加要快得多。这就是著名的平方 - 立方定律，说明质量和体积有关，支撑力和横截面积有关[4]。

假定一个物体，表面积为 S，主要方向长度为 L，体积为 V，关系如下：

$$S \propto L^2, \quad V \propto L^3$$

或

$$S=kL^2, \quad V=k'L^3$$

这里 k、k' 是比例因子。由上式也可推导出

$$\frac{V}{S} \propto L$$

或

$$\frac{V}{S} = \frac{k}{k'} L = KL$$

当然，根据形状的差异性，k 常数只有在物体形状相似时才是定值，但以指数级增加的方式是一致的。伽利略这样写道："无论是艺术或是自然的产物，都不可以无限地扩大其尺寸。所以建造无穷巨大的船、宫殿和庙宇是不可能的。就好像自然界的树木不会超过其尺寸而任意生长，否则它的枝杈会在自重作用下折断。如果一个巨人想要有和常人同样的比例关系的话，那么他必须找到更结实的材料，或者放弃一定的强度要求。因而巨人比一个有正常比例关系的人要弱。由于他的身高太高，甚至会因为自重被压垮、摔倒。"《关于两门新科学的对话以及数学证明》

生物体是近似均质的，而建筑是空间的围合，直接把建筑代入生物的定律并不合理。但由于平方-立方定律作用于自然界的所有事物，因此建筑的构件也遵循这个规律。如果把骨骼比作建筑物的构件，那么骨骼外形本身并不是形式的全部，其内部还有更丰富的层次。除了骨骼本身和韧带、肌肉一起组成的框架体系，其结构和层次还包括：①宏观结构，如松质骨和皮质骨；②微结构（10~500毫米），如哈弗系统、骨单位、单骨小梁；③亚微结构（1~10毫米），如片层；④纳米结构（几百纳米到 1 毫米），如纤维状胶原和嵌入式矿物；⑤亚纳米结构（几百纳米以下），如骨的构成元件——矿物、胶原和非胶原有机蛋白质的分子结构。骨骼的优越性能不仅仅来自基础材质——有机钙质的强度，更来自骨骼惊人的构造细节，而这个形式正是在结构极限要求下自然力作用的结果。骨的强度大，重量轻，如果引入比强度（极限强度除以比重）的概念，其性能接近工程上用的低碳钢。（图 4-4）[4] 但这种优秀的结构却没有出现在昆虫身上，对昆虫而言，其长度只有哺乳动物或

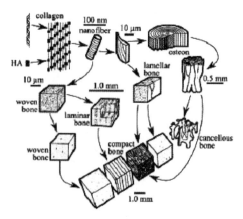

图 4-4　骨骼的微观层级结构

者爬行动物的 1/100 甚至 1/1 000，重量则是后者的万分之一甚至百万分之一，因此几丁质的骨骼完全不需要过于复杂的层次结构，就可以承受身体上任何位置的力量。多数昆虫采用了薄壳状的外骨骼形式把层次减至最少；如果反过来，把昆虫同比例放大 100 倍，它就会因为外部结构太薄弱而解体。平方 - 立方定律反映了自然界一切事物的制约方式，这个规律说明形式不能依照简单的线形规则演进。对于建筑学，这就意味着建筑的大小与材料形式之间的关系也并非简单的比例关系，因此古典美学的原则也无法适用于所有的建筑，同样无法永远反映材料和形式的内在规律。

无视这个规律必然导致形式的随意性。当部雷试图用古典主义的原则应对超大尺度的时候，牛顿纪念堂只能实现一个空洞的形式，他并没有注意到放大的形式与建造的层次是伴生的。正因为如此，伽利略在描述他的定律时特意将技术研究的结论延伸到艺术领域，他看到了形式——无论是从自然中获得的那部分，还是人类通过科学和实践创建的那部分——都不能脱离这个定律的作用。即使人们可以在某些时候、在某种程度上掩饰建筑尺度的真实性，最终还是要回到真实材料与尺度限制的规律中来。当事物放大的时候，形式自身就有多层次的要求，这便意味着形式的丰富性不仅仅是美学的需要，还是自然的规律。

4.1.3　生命的标度律

在平方 - 立方定律作用下的生物形式和建筑形态都不是线性增长的，那么自然中形式的各个向度中是否存在线性的规律，让我们可以更方便地把握？仿生学中蕴含的形式告诉我们：物理规律，尤其是我们日常体验的重力规律，只是在我们常见尺度上的规律；在所有的尺度上，自然是以能量平衡的状态运行的，整个自然界共同的规律建立在能量基础上。德国科学家开普勒 17 世纪初发现了行星运动的三个定律。在开普勒定律提出两个世纪后，德国生物学家 M.鲁布纳（M.Rubner）发现生物界也存在着类似的规律，即 $B \propto M^{2/3}$，其中 B 为生物的新陈代谢率，M 为生物的体重。

1932 年德国生物学家 M.克莱伯（M. Kleiber）统计了几千种哺乳动物的新陈代谢率和体重的数据。他发现以新陈代谢率 B（单位：瓦）的对数为纵坐标、体重 M 的对数为横坐标作图时，所有动物的数据，无论小到老鼠还是大如大象，都会形成一条斜率接近 3/4 的直线，这就是生物学中的克莱伯标度律：$B \propto M^{3/4}$。这条定律揭示了生物体形与新陈代谢的联系，给出了大体形动物寿命长于小体形动物，而新陈代谢率正好相反的结论，这个公式还表示生物体的体积与其生命长度之间有直接的却并非线性的关系 [5]。1994 年，美国科学家 K. J. 尼克拉斯（K. J. Niklas）尝试把标度律拓展到植物的领域，发现植物群落内的个体生长率也服从标度律，也就是说，尽管植物的结构不同于动物，体重变化范围也比动物更大，却依然符合体重与新陈代谢率的标度关系。标度律几乎适用于所有生命体，这种规律背后的原因引起科学家的关注，究竟生物体这种规律的序列是来自生物体内部的单元（即细胞）还是来自有机体内在的组织方式？科学家的研究终于深入到了分子水平和细胞水平。研究者将小鼠、猴子、猪和人等多种动物的细胞进行体外培养，却发现细胞呈现相同的新陈代谢速率，这证明了个体细胞的新陈代谢速率与体重大小没有对应关系，从而得出了结论：是生物的机体组织方式而不是生命体本身的特征决定了标度律。最终，科学家认为生物的标度律起源于网络的基本特征，如连接方式和节点数量，而与网络的动力学及几何特性无关 [6]。

这意味着生物或者系统通过一种网络结构形态调整其效率，如果把生物机体看作一种材料，那么维系生存的效果并不取决于材料自身的属性，而取决于材料的内在连接方式。而网络结构的差别决定了尺度上的差异。更确切地说，世界由大到小呈现一种分形的构成，每一个层级下面还有各自的结构。大和小的事物不可能呈现同样的结构形态，也就不可能具有相同的形式，这就为建筑在不同尺度中形式的层次性提供了依据。

4.1.5 建筑分形与力的作用

如果算上开普勒的第三定律，我们可以从宇宙、城市、生态、生物、微生物甚至细胞的广大范围内观察到与克莱伯定律近似的指数规律，而且每一次揭示这个规律都伴随着形式上分支和网络结构的呈现，由此可知世界确实是以分形状态存在的，而平方 - 立方定律则给出了分形的必要性。

分形的原因正是因为大和小的差异，小的事物以自相似的结构存在于大的事物中，因此事物不会因为大而形式空洞，也不会因为小就丧失内容。一般来说，分形是指具有自相似性且标度不变的规则分形，但是不规则的分形更为普遍，这个规律也可以用来描述非生物领域存在的许多形式规律，比如：把一张纸团成球，球的大小与纸的质量的比例并不是简单的 3 次方关系，而是幂律关系，即 $m=D^d$，则 $\lg m = d \lg D$，其中 D 为纸团直径，m 为质量，d 为常数，称为分形维度（fractal dimension）。这个常数在 2 到 3 之间。它刻画了纸团这种图形的分形性质。经过 4 000 多次试验，研究人员发现不同的人捏的纸团具有不同的分形特征，其分形维度 d 处于平均值为 2.51 的区间。此外，d 还与纸的类型有关。

空心的纸团不能表示建筑学的外部构造和内部空间之间精确的关系，但是比起平方 - 立方定律，这个规律更接近建造的实际状态。纸张的面密度（材料强度）差别和团握方式（复杂程度）的差异对结果产生的影响，正好对应了建筑学中材料强度和构造方式的作用。

虽然建筑师有主观创作的自由，但是从建筑发展历史看，建筑最终要受到材料和结合方式的制约。建筑以层级深化的形式发展，或在层级形态的变化中波动前进。在这种大和小、主与次的探讨中，不同尺度层级的作用力和作用方式尤其重要。所有生物都受到平方 - 立方定律的影响，对大的生物来说，电荷作用微乎其微，但对于昆虫或者像昆虫一样小的生物，静电力（电磁力）可能与重力一样重要；对细菌来说，静电力成了主宰，引力却不再有太大的意义。

实际上在宏观领域物体的摩擦力和表面张力等都会随体形变化而变化，汤普森对比了雨滴和雾霾后发现："水滴如果足够小，它的临界速度就与半径的平方或者面积成正比，当雾霾中的水滴大小为标准水滴 1/10 时候，其下落速度慢了 100 倍，至于孢子和尘埃，在空气中几乎不会下落。大小的增减可能意味着平衡的彻底改变，大小的发展是不连续的……我们已经来到一个陌生世界的边缘，在这里一切成见都必须抛弃。"[8] 自然界尺度与力之间存在非线性的关系，这暗示了越小的尺度越有利于提高材料的使用效率。在建筑学的建造尺度范围内，构件的尺度有各种可能，桁架内的支撑可以是 0.2 米的角钢，也可以是 0.01 米的钢缆。随着技术发展，在材料构筑的尺度上，建筑师拥有越来越大的自由。

从设计的历史看，建筑学并非自发遵循自然的规律，而是一种具有形式继承性的学科，每一次形式还原都是在继承和破除之间取舍。生物没有这个负担，它们遵循自然规律改造自身形式。工程师也没有这个任务，他们只需要满足技术的要求。建筑师面对的规则是动态、弹性的，材料类型和技术手段是多元的，因此建筑师可以在保守形式和迎合规律之间做出权衡。

建筑的传统继承表现出形式对技术反应的延迟，这就是革新与传统的对立。同时，由于技术的发展以及能量利用都呈现周期性变化，因此整个形式的演进就呈现出滞后的周期性。从形式到认知和完形是另一个范畴，人自身生理进化速度相对于技术进化速度是缓慢而近乎恒定的，不存在必然的联系，因此人的审美原则具有恒久性。

4.2　层次化的形式

4.2.1　材料的限度

回顾 18 世纪之前的形式探讨，多数形式建构的理论都无意识地忽略了材料的尺度效应，只讲逻辑而不管尺度，无条件推理和无限度外延是许多理论悖谬产生的重要哲学根源。尺度效应和材料的层次性相呼应，我们前文阐述过物质世界的层次性，材料的尺度效应正是通过层次性的结构表现出来的，因此我们不能简单地通过把材质使用方式放大或者缩小获得形式，因为材料在不同尺度中呈现出非线性的特质。这种尺度效应使得建造不再是一种模式化的行为，一个大建筑的形式不应该是一个小建筑的简单放大，而是一种按照材料性能进行细致分析以达到层次化的结果，唯有如此材料的建构形式才能与建筑的尺度相适应。

对材料的建构历史而言，设计行为包含以下两重含义：第一，当建筑需求的空间不断增大时，材料的建构方式不能按比例放大，而是要分解为次级建构并连接起来；第二，在技术发展中，次级建构还可以更加深化，建筑构件截面有不断减小的趋势，这也意味着形式的更新。

常规设计语言中的形式，对大小的观念是淡漠的，但对形式差别是敏感的，因此我们常常用模型去推敲形式。但必须知道这种推敲并非实践，只能是知觉体验的完形，模型中不存在材料的真实，因为材料真实必须是尺度的真实。正如汤普森所说，我们惯常把大小当作纯相对的事物，我们说一个事物大或者小，是以它惯常的大小做参照，相应地，也容易得出大小并不会构成本质区别的推论。尽管如此，在物理学中，绝对的数量标准确实是极其真切的，极其重要的。万事万物都有各自合适的尺寸，人和树，鸟和鱼，星星和星系，都有一定大小，其绝对值的变动范围也是有限的，人类观察和体验的范围也只限于厘米、米、千米这样狭小的领域。当前建筑学研究有时会将建造、景观、系统甚至生态等概念混同，并泛化到无穷大或无穷小，以追求形式的普遍性，而完全不顾其尺度。现代科学研究应该重视尺度的选择。如果试图寻找不同尺度间普遍的规律一定要慎之又慎，了解哪些是超越尺度普遍存在的规律，哪些是在不同尺度下作用的要素，因为自然的尺度规律不是线性的，而是层级的。

4.2.2 真实的原始棚屋

材料只有在真实尺度下才会产生特定的形式。因此，原始棚屋作为建筑最早和最小的形式来源可以说明木结构构造的起点。回到上一章对原始棚屋的总结中，在观察和考证基础上得到的原始棚屋原型中，几乎所有人都提到了一种近似锥形的形式——圆形平面的窝棚，辐射状摆放的树枝在顶端被绑扎固定形成了 A 形放射状屋架，这样的形式就是原始人类在其工艺和体力限度内所能达到的极限形式，即材料在技术束缚下特定尺度的形式。（图4-6）在原始时代，材料尺度是第一个制约要素，很难想象原始人类在最初的建造中就能砍伐大胸径的树木或者树干，在石器工具的限制下，榫卯也很难精确加工。因此，绑扎固定的小直径树枝，甚至茅草束才是早期人类使用的材料。据历史记载，尧的房子"堂崇三尺……茅茨不剪"，这证明当时建筑处于原始状态，由植物枝条建造，而且尺度限制在1米左右，这和菲拉特雷所说的建构用以容纳自己身体的限度也是吻合的。如图4-7所示，早期河南洛阳新石器时代的半穴居棚屋，真实体现了空间的尺度和材料的基本特征，对应这个尺度的建造，材料一般是树枝、藤条和茅草等，其主要构件的截面直径约为10厘米，估算长度为1.5米，交叉叠置围合成形，并在表面覆以茅草，这是一个人类最小规模棚屋的建造范例。西藏昌都卡若遗址也是石器时代原始社会的部落遗址，其中的居住建筑形态也是锥形单人窝棚，门设在背风处（图4-8）。

在其他文明中，这种模式也屡见不鲜，比如一直到白人进入美洲时期还保留的印第安棚屋就是典型的圆锥状形式。半游牧的迁徙生活使这种轻质结构建造的形式被一直保留下来。由于支撑材料尺度的限制，空间只能局限在一个较小范围内，直径在1~3米是比较普遍的现象，类似的还有非洲喀麦隆以草泥为主要材料的锥形小屋、东南亚印度尼西亚的锥形草屋等。（图4-9）从建造逻辑上说，

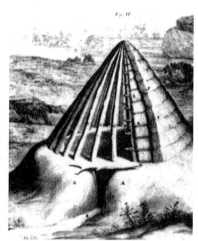

图4-6　建筑历史中锥形原始建筑图示

首先，原始棚屋采用轻巧的枝条，符合原始人类获取材料的现实情况；其次，在固定方式上节点最少（底部的埋地，顶部的绑扎或者咬合）；最后，建设方式单一，没有多种构件和工序。如果用逻辑实证的方式加以抽象，我们可以看到一个模式化的△剖面，除去地面支撑和固定，剖面上只有两个构件和一个节点。这个最简的形式并非臆造，在建筑史和人类学的调查中都获得了证明。

对圆形围合方式的起源说法不一，可能从功能上与早期人类围坐火塘的生活模式相适应。根据考古发现，早期人类住屋大多经历了从穴居到棚屋的过程，在逐渐掌握建造技术后，人类才开始在地穴上加盖遮蔽，因此圆形最初的形成也可能与地穴建造（方形角部易塌方）有一定的关系。但是地穴的上部和底部结构并非同期形成，而是独立演化出来的，减少节点和简化构件也是圆锥形式形成的重要因素。在新石器时代考古中，不难发现建筑的平面逐渐由圆形向方形过渡。作为一种技术进步，其成因是多方面的：在文化和对宇宙认知方面，史前人类借助方形居住建筑的载体，将人体的十字轴结构与宇宙方位相互叠合，标志着原始时空观念的确立；虽然圆的独立性与自足性较强，但是难以相互组合，只有方形才能既与人体四方相吻合，又便于连续排列。方圆之间的变化对于我们考察建构而言，不是决定性的影响因素，剖面才是明晰建造关系和过程的重要图示，材料的局限性通过构件的尺度体现出来，其剖面尺度关系是一致的[9]。

4.2.3　层次的发展

随着原始人类的发展，建筑形式也在不断进步。原始人类拓展建筑形式的物质基础依赖人类的材料获取和加工能力。在空间模式转变的同时，建筑的尺度也增大了（圆形是构件截面最平均，也是截面最小化的形式；方形需要加强四角斜梁），建筑材料构件的尺度也随之变大。

我们可以设想，当原始人不满足这个 A 形空间尺度时，在他（或群体）的体能能够达到的前提下，可能选用更长的树枝搭建更大的空间，然而构件的长度不能无限增加，因为自然界树枝长度和树枝直径存在对应关系，因此他只能用更粗的树

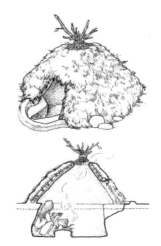

图 4-7　河南洛阳孙旗屯半穴居遗址复原图

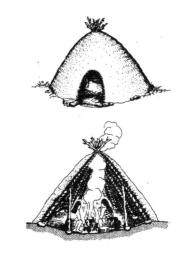

图 4-8　西藏昌都卡若遗址的锥形棚屋（来源：https://www.douban.com/note/662739285/?_i=5260938zY3RU09）

图 4-9　科罗拉多印第安棚屋

干来扩大这个构架。然而这是一个非常困难的选择，因为空间尺度不是线性的，一个房间的直径由3米增加到6米时，建筑构件——木梁的长度增加是线性的2倍关系，木梁截面的增加是平方——4倍的关系，最终木构件体积的增加呈现3次幂——8倍的关系，构件重量的急速增长很可能超越了当时人力的极限和自然材料的尺寸，因此他们不得不改变建造的方式。大型棚屋在原始遗迹中非常普遍，反映了群居生活的发展，但多数研究关注的是空间的功能发展，很少有人比较构件的尺度和出现的次序。如图4-10所示，作为集会的场所，印第安波莫族的"跳舞房"，高约6米，直径约为12米，面积约为120平方米，建造呈现出了两个层次，人们通过增加支撑点和连接点分散了集中的应力，在满足空间拓展的前提下，降低了对材料截面的要求，在材料和技术的限度内解决了空间尺度和功能问题，这就是建构的初始意义；或者说建构本身是通过对材料的分解和连接实现的，在这一过程中通过材料重组形成了新的形式，实现了空间尺度的增长。

在仰韶文化中晚期比较成熟的半坡聚落中，其主要建筑"大房子"（图4-11）的构件组织关系与美洲的"跳舞房"呈现出惊人的相似性，虽然平面呈方形，但剖面关系是一致的。"大房子"的面积约为140平方米，单向的长度达到12米左右，是我们推算的早期单人锥形半穴居样本的8~10倍，如果按照平方-立方定律，不做层次性的建构，其构件长度将是洛阳孙家屯遗址主要构件（假设直径为5厘米，长1米）的10倍，也就是一根直径为50厘米、长约10米的树干，这样尺度的树干不仅难以获取，作为斜梁时也会因自重造成的变形而失去稳定。因此层次化的建构成为必然的选择，无论是半坡的"大房子"还是印第安人的"跳舞房"，在空间尺度的拓展需求影响下，材料的限制催生了形式层次的演进。

这样就获得了最简小屋之后的又一个模式图，这个图的节点和构件数目都增加了。整个剖面像是将维奥莱-勒-迪克的锥形棚屋和菲拉特雷的框架棚屋重合在一起，最后转化为洛吉耶的形式。因此洛吉耶的棚屋是一个层次化了的、不那么"原始"的棚屋，而维奥莱-勒-迪克设想的形式才具有真正的原始特征。原始棚屋的形式差异不是因为古人心智的差异，他们在材料和建构方面并不

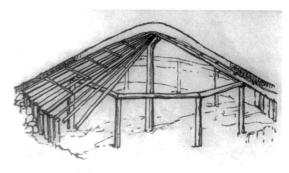

图4-10 印第安波莫族的"跳舞房"

图4-11 半坡遗址的"大房子"

缺乏逻辑性，他们的建造也是在尺度不同的情况下的最优选择。因此，形式的材料差别说和艺术意志说都缺乏实际的依据。

4.3 原始的建造层次

4.3.1 第一层次：独体（single）建造

独体建造也可以被视作最简的建造，然而却不一定是最小的建造，因为不同材料性能决定了最小建造尺度的差异。最早的独体构筑应该来自人类在自然中得到的遮蔽空间，这个空间不是由人亲手创造的，但是它的发现意味着人开始认识材料和空间之间的联系，并试图用建构来复制它，这也是洛多利反对洛吉耶的论点，建造一定不是从特定材料开始的理想行为，而是在种种条件制约下的应对措施。实际上洛吉耶首先提到的也是岩洞，"栖于林中的原始人对弥漫的湿气不知所措，只得爬到附近的一处洞窟中，并为自己找到了干燥的所在而欣喜"[10]。最早岩洞或者洞穴应该是一个典型的独体建造，无论这个洞是自然形成还是经过人类修饰。洞窟的尺度呈现了材料的自然限度，自然洞穴尺度受到岩石质地的影响大小不一。离开天然岩洞之后，穴居是人类最早的居住方式之一。根据考古资料，穴居也经历了多种洞窟形式的变化，其中竖穴是发展为棚屋的基础，竖穴在功能上不利于排水，是人类从山区向平原迁移的一种过渡形式，但竖穴在建造上催生了遮蔽结构（也就是真正意义上的建筑——具有空间和形象双重概念的棚屋）的出现。

功能上完善的穴居类型——横穴，今天仍然在中国西部地区以窑洞的形式存在，美洲及中东也有类似建筑形态留存，今天的窑洞和几千年前的横穴相比，形式和建造方式上没有本质区别——洞穴始终没有构造的层次。以黄土窑洞为例，跨度始终被限制在 4 米左右。窑洞的剖面阐释了在材料制约下尺度扩张的限制。如果我们把实际参与洞穴受力的材料标示出来，会发现参与洞穴的材料主要是洞穴上部土石，呈现三角形分布，和 A 形木构的形式是吻合的。因此，洛吉耶的三角山花其实来自和建造相关的锥形棚架，并非单纯为了防雨功能，也并非木构的独有形式，这个三角就是材料的最小建造——独体建造对应的形式。

拉斯金曾经分析了岩洞和拱顶之间的内在关系：拱顶是什么？它是由一种坚固材料构成的曲线外壳，需要承载其上某些疏松材料的重量，只要上面物质紧密结合在一起不疏松，那么下面的开口也不能算是拱顶，而应该是洞穴。拉斯金意识到，如果拱不承受力，说明上部材料受力的三角区在某一个尺度范围内可以靠材料自身维持，也就是"不疏松"材料所暗示的"内聚力"。（图 4-14）在这种情况下空间表现出来的是材料自然的形式，与拱无关。他举例说在塞尼山中挖掘隧道，由于山体坚硬，洞穴表现为山体的形式，拱也就失去了意义。如果砌筑工艺是塞尼山式的，那么拱顶的样式就无所谓了，可以是圆形，也可以是其他形式[11]。穴居时代晚期出现了带有柱子的洞窟，敦煌洞窟也有典型的塔心柱的形式，当洞穴的尺度按人类的需求不断增大时，建构的层次性就会在尺度拓展中逐渐发展出来。

穴居是独体建造，但由于多数动物都挖掘自己的坑洞，所以很难认定穴居为人的独特性创造，

图 4-14　砖石结构砌体过梁上部受力区域示意图（中间浅色部分为无压力区）

几乎没有人把穴居作为原初小屋的起点。真正有建筑意义的独体形式是前文提到的锥形棚架，我们可以把它称作最小的建构或者独体建构，也就是人类的原始棚屋。独体建造就是最小化的建造，无法再简约，形成的是一种节点极少化的建造，这些类似于三角形的单一建构呈现出材料的最简形式，就像邓普西所说的——形式是力的呈现，同时也是人类抽象的开始。（图4-15）

4.3.2　第二层次：框架（frame）建造

独体的锥形棚屋并不都是从穴居——遮蔽的方式发展来的，中国古代和西方都有巢居的传统。"古者禽兽多而人少。于是民皆巢居以避之，昼拾橡栗，暮栖木上，故命之曰有巢氏之民"（《庄子·盗跖篇》）。树居是否受到鸟的启发不可考证，但是建造方式却不同于鸟巢，其剖面形式与我们的最小建造是一致的，这也说明了独体建造的普遍意义。（图4-16）

《易·系辞》曰"上古穴居而野处，后世圣人易之以宫室，上栋下宇，以蔽风雨"，准确地描述了原始建筑的发展过程是由洞穴向带有遮蔽的结构转化的。从洞穴到宫室不是一次完成的，"栋宇"二字把建筑分成两个部分，"栋"表示建筑的屋顶部分，"宇"代表了支撑体系，包括梁、柱和墙壁等。这个三角形空间在中国古代被称作栋，而地穴部分则成为类似于宇的空间，最早的空间组合同时也包含着建构的复合。由于穴居

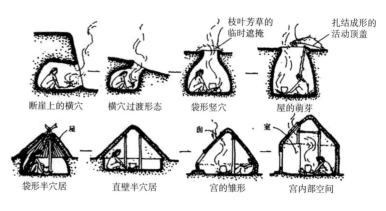

图 4-15　古代穴居发展模式图

不利于生活，因此架构逐渐向地上发展，印第安波莫族的"跳舞房"和半坡遗址的"大房子"标志着建造层次的出现，最小建构被形式分解，梁所在的位置增加了节点，建筑的顶部和下部形成了分离，尽管空间和功能是一个整体，然而构造形式的分解意义重大。巢居也是如此，随着规模的扩大，三角形空间离地面越来越近，最终形成河姆渡遗址的干栏式建筑，实现了建造的多个层次。这种建筑构造上的分离可以被视作材料的层次拓展，为材料的差异化创造了条件，同时增加了节点和构件数量，使空间尺度拓展成为可能。

在平面完成方圆转换后，方形加坡顶的形式逐渐固定下来，人们可以通过在一个维度上加长建筑获得更大的空间（古代常见的长屋布局），只要保持剖面形式不变，那么建构的层次也没有变化。尽管这种拼接的方式也能部分满足要求，但建筑形式演进历史证明形式的发展并非如此简单，早期木结构是通过放大体量并通过内部构件层次化实现的（前文已经通过半坡遗址的"大房子"形成过程证明了这一点，建筑物呈现长、宽、高三维尺度扩张，加内部构件复杂度共计四维，符合克莱伯定律的内在规律）。

由于加工和运输难度远远大于木材，所以石材建筑出现得较晚，中国在新石器时代的晚期有了所谓石桌坟，日本也有类似的石棚，与之类似的是欧洲的列石阵，这些建筑在形式上都是支撑加过梁的形式，由于石材重而脆，当跨度加大的时候，过梁尺度增加得更快，不得不反过来加大支撑物以保证稳定性，因此建筑呈现出越大越笨重的特点。直到青铜时代，人们才逐渐加深了对石材极限的认知，和木材过梁一样，强大的石材也会从中间断裂，英国巨石阵中纺锤状的过梁就暗示了对极限的考虑，迈锡尼狮子门上的弓形石梁和三角楣的出现，说明石材独体建构的极限形式与木构的三角形接近，直到最后金字塔的出现。这一系列的发展不仅仅是形式自身的需要，还是对最小建造的回应。（图 4-17）

石材的建造遭遇了瓶颈，说明不通过层次化的建构，使用功能（空间跨度）的问题无法解决。

图 4-16 古代巢居发展模式图

图 4-17 英国古代巨石阵列遗址

图 4-18 辽宁海城石棚（距今 3500~
4000 年，实现了支撑、覆
盖的分离）

石材架构的发展就停滞下来，转化为单一支撑的体系并进化为视觉上的艺术风格。无论是在西方的埃及文明、希腊文明中，还是在古代中国的文明中，栋的部分一直由木材独立发展，拱券出现之前石材多数作为墙体或者支撑物存在。"栋"和"宇"的分离是层次化的第一步，促进了材料多元化的发展，给建筑带来更多的表达自由，尤其是"宇"作为支撑部分，其材料既可以是木，也可以是石，甚至可以是夯土。简言之，梁、柱组成的框架体系是第二层次的建构。至此，建筑形式可以分解为屋顶和底部两部分，这个形式被固定下来并在希腊建筑上完形和形成恒定的风格。

4.3.3 原始建造的局限

从独体到框架的建造层次发展过程中，建筑形式实现了"栋"和"宇"的分离，或者说支撑与覆盖的分离（图 4-18）。层次的意义在于，在天然材料（本节主要强调了木和石）的局限下，建筑尺度如何扩张并导致与之对应的形式。需要强调的是，在人类发展的能量表里，这个阶段的能量水平是人类的体能，建造工具是石器，这就决定了精细加工的砌筑和复杂的榫卯都难以实现，因此材料的层次也难以进一步发展。能量水平决定了节点水平，确定了层次化的程度，同时决定了形式的可能性。

材料层级建造的目的并不只是增加建筑空间尺度，在现代建筑中，最小建造的概念意味着建筑材料以更小尺度组合起来，通过减小构件尺度，实现层级的增加，就可以摆脱重力的限制以寻求更多的形式自由。柯布西耶非常重视模度——也就是建立在最小构件尺度基础上的序列，他通过减小材料尺度、增加层级获得新的形式体系。多米诺体系中楼板的构造是通过纵横的交叉梁实现的多层次建构，5 米的跨度对应了混凝土薄板的技术性能。在柯布西耶的作品中，萨伏伊别墅的开间为 4.75 米，马赛公寓为 4.8 米。接近 5 米的控制尺度与古代人的居住空间尺度很接近，但是建筑构件尺度则截然不同。他所说的"最小"是指材料截面的尺度和构件的复杂程度最小，而不是空间的最小。柯布西耶用密布的小尺度构件把所有力的形式掩盖起来，然后把新的视觉体验建立在鸡腿一样纤细的柱子和平整的楼板上。本阶段材料发展和层次演变在人类材料史中对应的阶段见表 4-1。

表 4-1　本阶段材料发展和层次演变在人类材料史中对应的阶段

建筑材料	时期	能量水平	工具水平	工艺（动因）
木、土、石	早期社会	人类体能	石头工具	绑扎、榫卯

来源：作者自绘。

4.4　古代的建造层次

4.4.1　第三层次：堆叠（pile）建造

框架建筑再次拓展就需要面对 10 米的跨度，这时上部木结构成为放大的三角形，木梁长度、跨度的增加也提高了对木材截面尺寸的要求，接近了天然木料的限度。正如平方 - 立方定律规定，梁跨度增加 1 倍将增加 8 倍的重量（当代原木常用材一般 12 米长，常见 40 厘米直径，8 米长）。即使不考虑局部应力极限，这种尺度的木材已经达到了古代人工的极限，必然导致木材被拆分为小尺度构件，屋架就是这种层次化的产物。东方的屋架和西方的有所不同，中国屋架自古以来延续着抬梁和穿斗的概念，虽然也有叉手和昂的构造，总体思想还是倾向于用小截面材料正向交叉或者垂直码砌，而西方屋架在古罗马时期就已经使用了木桁架，出现倾斜支撑和三角形构件。无论哪种形式，都在剖面内实现了截面减小、节点增加的材料再组织。（图 4-19）

抬梁构造和木桁架的层次建造技术都是在建造过程中发展而来。维特鲁威和洛多利都发现了叠木的原始建构，这种建构方式与墙体的叠石本质上是一致的。墙体的砖石材料同样需要细分为更小的尺度——砌块，这不仅仅是施工的要求，更是建造逻辑的结果。在文明的原始阶段，筑的概念比砌的出现得要早，人们很早就会通过版筑等方式将生土做成连续的墙以实现承力或者围合。金属工具出现后，人们可以制造更规则平整的砌块，砖石砌筑体系实现了石材建造的层次化。森佩尔曾经提出墙的装饰起源，因为从围护意义上讲，墙是一种视觉和功能存在，但在建构意义上，墙并不是完善的结构形式，它可以被视作连续的柱；墙体也并不是逻辑清晰的建造，它只是次级

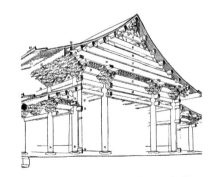

图 4-19　通过叠置木材实现屋架的层次化

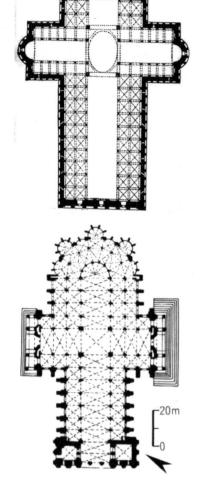

图 4-21 罗马风格的比萨教堂和哥特风格沙特尔主教堂的材料分布差别

建构形式的集合。阿尔伯蒂指出墙和柱子没有本质的区别。墙赋予了柱子形式表达的自由，并把建造工作分解，让施工简便易行。

我们可以尝试一个现象学的还原：什么是墙的建构本质？如果是支撑，那么在墙上是否可以打开一个洞？是否可以开更多的洞？当把墙内不需要的材料全部取出，使墙体只具备结构功能的时候，墙体就呈现了力学的形式，成为次一层级的桁架形式。（图 4-20）当然，内力的传递形式不是唯一的，由于外部荷载的复杂性，可以有多种模式，而墙体涵盖所有模式。墙意味着过剩的建造。砌块使石结构层次化成为砌筑体系，小的砌块组合在一起覆盖了力的传递路径，大大简化了测算和工艺。与之相对，哥特式建筑的飞扶壁则呈现出下一个建造层次。飞扶壁从壁柱演化而来，罗马风格的建筑依靠墙体和壁柱自重抵抗侧推力，人们对侧推力的传递路径并不关心，重量带来的摩擦力涵盖了所有的传力路径，使形式无关紧要，呈现出沉重的外观。飞扶壁的意义在于把力量传递的路径清晰化，用叠拱将墙体内蕴含的形式表现出来，使摩擦力转变为压力，实现了材料截面的极小化。这种形式是内生的，具有无可辩驳的理性之美。（图 4-21）

采用堆叠方式的建构，实际上暗含着力的最佳传递路径，墙体和木梁架的层次化并非一种抽象的原生形式，而是来自材料的重组方式。材料的差异无法涵盖建构方式的同质，这就是形式抽象的依据。在一个放大的建筑里，材料如果没有层次化，就难以适应强度的提升，因此没有无层次的建构。形式如同人的血管，或者植物的叶脉，是自然规则的显现。

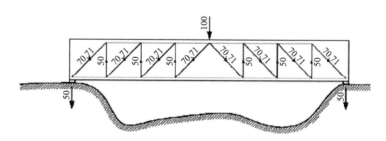

图 4-20 墙体或者实体内实际受力的状态

4.4.2　第四层次：支撑（brace）建造

当建筑通过堆叠实现了层次化后，其尺度就可以在更大范围内扩张，因为堆叠建造可以持续地分形。这种自相似的分形早就存在于桁架的建造中，以典型的芬克屋架为例，可以看到层次性的建构如何在材料性能不变的前提下逐渐增加构件层次、减小截面并达到更大跨度（空间）的过程，有历史记载的古罗马屋架跨度已经可以达到 20 多米。但当建筑在尺度上继续扩张时，材料不得不面对新的问题——节点。材料截面和节点之间存在交替性的技术瓶颈，虽然建筑内部的层次化能避免重量几何级数的增加，但是节点承受的力量仍然在增大，榫卯的承重能力和稳定性也存在极限，如果把屋架 "栋" 看作放置在 "宇" 的顶端的整体，那么结合点就会最先遭遇材料的极限。

压力极限使木材的尺度进入另一个层次，即用更小的木材堆叠做成反向的 "屋架" 以分解力量，这就是斗拱的作用。斗拱的传力方式是通过逐层过渡，将大面积荷载可靠地 "收缩" 到梁或者柱子上。通过斗拱的作用将单点支撑变成了多点支撑，层级的传递方式将受力分解到不同的支点，降低了对材料的性能要求。在《清式营造则例》中，堆叠层次和支撑层次两种尺度分别用 "材" 和 "契" 做了明白的区分。实际上在斗拱的形成说中还有一种理论认为斗拱和木架同构，认为斗拱就是抬梁式屋架倒置形变而用的小型复合结构，比较形象地解释了木结构立体分形结构的形式特征 [12]。（图 4-22）

与之类似，石材建筑的结合力实际上来自重力带来的摩擦力，随着其尺度的扩大，重力传递也会出现以表面为特征的摩擦力局限。拉斯金认为拱是通过构件层次性变化形成的："我们有三种搭建方式：那种单独的石头称为楣石（梁），第二种搭建方式叫做山墙（三角建构），第三种叫做'拱顶'，我们在这三种方式中可能使用木头而不是石头，只要梁木像石头那样摆放稀松，那么在平面图就没有任何区别。"（《建筑的七盏明灯》）（图 4-23）拉斯金的设想过于理想化，拱券的起源并非严格按照这个过程发展而来，但是事实也证明，构件逐步减小，尤其是在支撑中形成层次化构造是拱券的基本原则。从历史上看，拱券的发展经历了叠涩假券—叠涩拱—拱的过程，

图 4-22　斗拱的反向堆叠建造

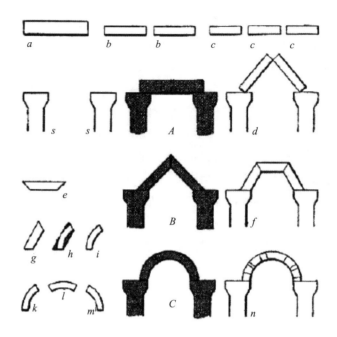

图 4-23　拉斯金书中拱层次生成过程

通过不断减小构件的尝试，逐次把上部受力分解并传递到承重墙体上。拉斯金认识到正是减小材料尺度才使力得以有效传递，既然木材和石材都通过降低构件尺度的方式实现了支撑层次的建造，形式最基本的规则当然是分形过程而非材料本身。当人们感叹建筑形式的丰富性时，他们认为是人类的艺术意志或者精巧的构思创造了形式，其实并非如此，人类不能在当下创造任何形式，只有当材料在尺度变化中展示出形式的必要性时，人们才能收获并完善它。

建筑以支撑建造方式形成层次在古建筑中普遍存在，对大型的建筑而言，它是必要的，是材料局限性的反映；对小型建筑而言，则意味着技术体系的沿用（更小的建筑无斗拱）。在漫长的古典时期，这种层次化的技术措施已经转化为工艺甚至艺术本身。工业革命之前的材料和技术水平限制了进一步的层次化，斗拱本身已经非常复杂，受制于材料性能，很难实现更小尺度的建造。尽管如此，人们对层次化做出的努力没有停止，只要人们认为材料在更精细的尺度上还可以操作，结构和形式就依旧有潜力。宋代以后的斗拱缩减可以被视作材料向高效率转化的措施。"斗拱的连续性可能是此时代，宋朝，最令人兴奋的建筑特色，这一特色自 10 世纪开发出来之后，成为一种热狂——视觉上的热狂"[13]。张择端的清明上河图就精心描画了檐下的斗拱。

同样，哥特式建筑的集束柱将密布的肋架向多个拱肋延伸，也使结构更具效率。圣马可广场公爵府二层的窗饰反映了支撑这个建造层次的核心特点，拱上方不承重区的材料被掏空，形成一套更细致的十字圆洞，受力结构更为精巧，像桁架一般传递了上部实体的压力。（图 4-24）

图 4-24 公爵府拱窗结构的层次化

4.4.3 古代建造的水平

本节中，我们试图描述一个层次递进的过程，从希腊的墙柱到罗马的拱券，与之相应从中国的梁架到斗拱，不难发现建筑形式在历史中表现出了共同的周期性。从希腊时代之前的青铜工具到罗马时代普遍使用的铁质工具，一直到哥特时代的钢铁制工具，能量利用的水平在平稳提高。历史看似均匀流逝，但人类技术的发展是阶段性跳跃的，因此材料和建造的层次化表现为建筑风格的跃迁。

用模拟木结构风格解释希腊建筑，并把艺术风格指向某种艺术意志，进而得出建构是结构逻辑的艺术表现的结论，这是当下建构理论中常见的观点。然而，如果从材料层次的角度观察希腊建筑的兴起和衰落，就会发现这是本末倒置："……希腊建筑中的梁柱结构形式，如果从石材性质角度来看是不自然的，但是如果从认可这种结构形式的最大限度来看的话，它是已将石材的性能发挥到了极限。这一些，即便是借用之前的木构形态，从整体上看它还是在追求一种能将石材技术特性融入的形态，在这种追求中，作为原型的木构形态被消解，形式变成为具有二元意义的存在……"[14]

希腊建筑对石材特性的把握是理性的，也是充分的。希腊建筑用母度作为尺度依据，把石材性能发挥得淋漓尽致。然而列柱只能终止于框架建造的层次，巨大的檐口暗示了石材在没有层次化的情形下对形式无能为力的状态。随着建筑尺度的加大，技术的精巧却只能停留在以母度为单位的构件表面上。有一种观点解释了为何希腊建筑建构发展停滞并走向艺术成熟：为了保证石材表面紧密结合并获得摩擦力，当时的砌块只能通过精细加工满足平整度的要求，这限制了砌块的进一步小型化和石块之间的结合程度。直到罗马人发展了砂浆技术，才让砌筑成为真正有效的建造，尤其是用火山灰制成的类似于水泥的黏合剂让小砌块结合起来形成拱券和穹顶（借助自然的能量水平提升），由此产生的构件的层次化也带来了形式的丰富。维奥莱 - 勒 - 迪克说：希腊神庙的结构，没有比这更简单了，取尽可能大的块料做柱子，一整块的门楣，或两块并列，受力从一个柱子到另一个，到墙体。而罗马人则采用了混凝土砂浆的碎石体系，到了 12 世纪早期，建筑更适用于小块石材的结构，而不是连接体块的结构，这是对罗马人碎石结构和连接石材结构的折中，必须用大型石材的优秀设计被终止。

对希腊建筑庞大而空白的墙体，处于技术停滞中的人类按照自然的规律进行形式填充，由于石材自身还没有独特的形式，只好以木构形式复刻于石材之上，这也再次印证了人类在形式的创造上是无所作为的，他们不能凭空发明形式，假如他们不能从自然中看到，或者不能从建造中习得。

梁思成在其著作《中国建筑史》中表达了对汉唐木结构原生形式的推崇，然而从建构的层次发展看，中国木结构建筑的发展未必不是理性的，在唐代建筑有限的遗存中，大木构件存在不同程度的塌落和断裂，而明清以后木结构构件细密的分解是材料层次发展的有益尝试。一般人只看到了斗拱变小，没注意到开间变大，柱间连接物变多，如果开间变大不算技术进步，那么斗拱大可保持唐代建筑硕大的形态，唐代含元殿明间跨度才 5.3 米，远逊于明清两代，故宫午门明间跨度达 9.15 米，太和殿达 8.44 米。开间的加大必须要求斗拱分散更多的屋面压力，让挑檐檩、橑风槫不至于因为跨度过大而弯折，密集的小补间既可以分散屋面负荷，又可以通过减轻自身重量，减少下面额枋的负荷 [15]。

认真比较哥特式建筑和明清建筑，不难发现它们之间密切的关联。比如它们都增加了建筑的高度（高宽比增加），高度增加并非功能要求而是为了让侧推力以更好的角度传递到侧面的支撑结构上，因此高度增加只是建筑规模扩大和斜度变化的被动结果。人们习惯于赞赏哥特式肋架拱的精细的构造逻辑，却抨击明清斗拱的细碎纤弱，其实明清的斗拱通过尺度的缩小和加密最终连缀成带，等同于在柱和屋架之间增加了一根水平的立体木桁架。哥特式建筑与中国明清建筑在时间和技术发展中存在对应性，因此简单地把中国古建筑形式的演进与艺术和技术的衰落联系起来是不全面的，在建筑规模变大的情况下，材料截面尺度变小、构件继续层次化是一个普遍的趋势，并实际上左右了建筑艺术的发展。（表 4-2）

表 4-2 本阶段材料发展和层次演变在人类材料史中对应的阶段

建筑材料	时期	能量水平	工具水平	工艺（动因）
木、土	早期社会	人类体能	石头工具	绑扎、榫卯
石、木	希腊时代	木材燃烧	青铜工具	砌筑、钉子
砖、石、木	罗马时代	冶金	铁工具	砂浆拱券
石、木、铁	中世纪	高温冶金	钢铁工具	石材榫卯、扒钉
钢铁、水泥、玻璃	工业革命时期	高炉、煤炭	蒸汽机	铆接、螺栓

建筑材料	时期	能量水平	工具水平	工艺（动因）
合金、高分子	现代社会	电能、石油	电机、内燃机	焊接、浇筑
纳米薄膜、合成	未来社会	核能	超导、机器人	打印、编织

4.5　当代的建造层次

4.5.1　第五个层次：网络（cyber）建造

如果说现代社会颠覆了传统美学的观念，那多半不是因为现代人比古代人接受了更多的美学教育，而是因为他们见到了古代人难以见到的事物。人类的建筑史同时也是材料建造方式和层次递进的历史。形态和层次之间存在辩证的规律，层次并不是一个教条。前面所讨论的四个建造层次试图解释一个现象，那就是：层次分级的根本目的是解决尺度放大带来的材料困境，当级别越低（层次越细分）时，构件越小，材料尺度相对于主体尺度越细微，材料就能更加精确地再现力在建筑中传递的路径。网络建造的根本特点是更多建造层级的融合：一方面，构件内部需要增加层次，在逻辑上层次的拓展要突破层级的限制；另一方面，网络建造带来的形式自由可以遵循静力学的规律，减小内力，消除中间层次，让结构呈现出网状的特征。当代技术可以使节点以高能量的焊接和锚接等方式连接，电能、化学能和精细加工带来的更高水平的摩擦力（广义上也是电磁力）让构件结合水平满足建造要求。

最早的锥形棚屋由纤细的树枝和藤条编织而成，在某种程度上就可以被看作网络建造，但随着尺度的扩大，天然材料就成为形式发展的桎梏，然而还是有一些建造方式展现了层次的灵活性，蒙古包就是一个例子，它由类似于帐篷的独体建构发展而来，由于游牧生活的特性，蒙古包在空间尺度上没有更高要求，在材料尺度方面却有最小化的趋势。一般蒙古包的立柱截面很小，同时消解了墙体的概念，代之以交叉的木条网络，连穹顶的肋架也缩小到与墙体构件近似的尺度，并和墙融为一体。这种近似无层次的建构在材料最小化需求的驱使下，体型上表现出符合力传递路径的特征，同时平面采用了圆形这种最优化的格局，为内部消除层次提供了条件。

这就涉及一个重要的方法：按照图解静力学确定形式。静力学是一门研究物体在力的作用下如何保持静止的科学。图解静力学最早可以追溯至达·芬奇和伽利略。德国结构师卡尔·库尔曼（Carl Culmann）于 1866 年第一次发表了图解静力学，被广泛地称为"图解静力学之父"。图解静力学的原理从古至今被广泛地应用在拉力结构以及拱券、穹窿和薄壳结构上。（图 4-25）

对拱形结构来说，我们减小构件的目的就是实现材料截面的最小化，同时让力的传递路径完美地穿过材料的截面，然而由于受力均匀度和构件形式的制约，拱形结构很少能实现无内力的完美构造。在传统建造中，拱的形式具有很大的差异，拉斯金用太阳升起的轮廓变化列举了不同尺度的拱的形式。其中，加泰罗尼亚拱与力的传递路径吻合得很好。因此可以精确地将截面缩减至最小，其他的拱则不得不加大截面以包络这条最佳受力线路，从而导致力在截面上的变化，并导致结构的过

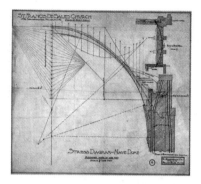

图 4-25　Carl Culmann 的静力学图
　　　　纸研究

剩。加泰罗尼亚拱对应的静力图形式就是悬链线，这种形式今天已经普遍用于屋架的外轮廓，从而使桁架腹杆受力几乎为零。安东尼·高迪在砌体建造方面借鉴了加泰罗尼亚拱的力学形式，他运用反向静力图的形式进行建造形式的推敲，实现了网络建造。他通过设置悬链线模拟受到均布荷载的建筑构件，用配重调整在不同集中力作用下的构件外形，并按照实际受力的大小确定截面，这种让力在系统内最优化的布置方式打破了固定的层次概念，使不同层次的尺度体现出渐变的特性，平抑截面受力的峰谷，导致形式上没有明显的层次性，像网络一样精确运行和协调工作，这就是网络建造的特征。（图 4-26）

　　今天在这个基础上建立的结构优化方式也对建筑形式产生了影响。渐进结构优化法（Evolutionary Structural Optimisation，ESO）通过逐渐消减结构中低应力的材料或者无效的冗余部分，使余下的结构部分转化为最优形态。用这种方法不仅能够将材料从结构中去除，还能在需要的部分以生长的方式补充材料。我们可以看到这样通过模拟得到的形式很好地吻合了高迪通过静力图形式得到的结果 [16]。桁架与网架之间的区别也能反映这个特征，当建筑空间增大的时候，桁架在水平支撑的情况下会产生比较复杂的受力特征，因此需要对内部构件进行层次化设计，这样才能实现材料的优化，但是如果在建筑的形体构思阶段就在独体建造的层次上进行形式选择，就可以简化材料的层次，实现网络化的建造。国家大剧院就采用了接近悬链线的平缓造型，在惊人的跨度内实现了小的构件截面，以精简的方式实现了最大尺度到最小尺度的层次衔接。（图 4-27、图 4-28）

　　网络建造从较高建造层次调整建筑的形态，保证建筑构件在低的层次上充分发挥材料的性能。尤其是大尺度空间的构筑，在材料的极限挑战下，可以得到均等的材料力学特征，实现性能的优化。这种操作建立在对静力图深刻认识的基础上，需要精确的实验和计算，如果只采用这个概念模式去推导形式，而不考虑尺度给建筑层次带来的影响，就会遇到形式的困境。在悉尼歌剧院的设计竞赛中，伍重的壳体方案脱颖而出，他试图用一组贝壳形态呼应悉尼海港的地理特征，但是实际上贝壳的厚度与体积比与他的设计存在巨大的尺度差异，这也是建筑与其他工艺美术的最大区别。在保证贝壳造型的前提下，采用单一层次的建造超过了当时的材料和技术水平，因此必须在壳体基础上增加层次，最后花费了巨大的精力和财力才使这个建筑以肋架拱的形式实现。

　　曼海姆多功能大厅是轻型网络建筑的一个典范，非常好地体现了层次和网络建造之间微妙的关系，弗雷·奥托采用与高迪同样的吊挂实验来寻找合适的顶棚形状，将网和链条结合在一起形成系

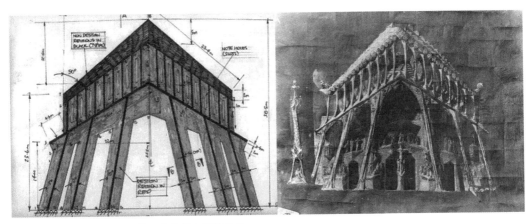

图 4-26　高迪对教堂入口的尺度分析和最终效果

图 4-27　利用 ESO 推导的形式与圣家族教堂入口实际高度吻合

图 4-28　利用 ESO 深化建造层次（模拟圣家族教堂柱子形式的生成）

统，在反向重力状态下寻找最理想的外形。他将这个结构称为"网格外壳"：木条交叉构成的格栅，通过弯曲和扭转使格子在伸展的区域成为双曲面构造。组成格子的木条需要弯曲，所以硬度不能太高，木条的截面被裁成 5 厘米 × 5 厘米大小。但是如此细小的规格无法完成 85 米跨度的稳定结构。为了解决这个问题，他们设计出了双层结构，用中间可调节的孔把两层木条连接在一起 [17]。（图 4-29）

4.5.2 第六个层次：编织（weave）建造

在建筑发展的历史中，虽然建造层次随着材料和节点的技术进步逐步推进，但层次建造的最终目的并不是保留所有层次的建造。如果能在高级别的建造中采用符合静力图中的力线，那么中间层次的省略与融合也就理所当然。但是我们依然希望在层次和尺度之间找到一种联系。也许我们只有把材料的尺度关系引入评价体系，依靠构件尺度与建筑体量之比才能解释形式与材料之间的深刻关系。

类似这样的比较在弗雷·奥托那里称作被总结成一个抽象的比例关系，这个比例关系可以用一个单位 BIC 表示，这个单位反映了结构的轻巧程度和材料利用的效率。弗雷·奥托用结构荷载 F 与其到支座之间的距离 S 的乘积 Tra 表示材料构

图 4-29　曼海姆多功能大厅的"网格外壳"

件传递荷载的能力，力和位移的乘积是一个标量，所以 Tra 与方向无关，即 Tra=FS。这样不同类型的构型都可以用 Tra 加以比较，而与材料的类别无关，材料的利用水平 BIC 则由材料的总用量 m 和 Tra 之比表示，即 BIC = m/Tra。

从这个公式可以推导出：当建筑增大作用距离（S 放大）时，如果不转变结构的形式，材料的质量 m 立方式的增长是材料截面不能承受的。因此，奥托所推崇的轻质建构对不断增加的建筑空间体量而言，不仅仅是一种优化，更是一种必需。在理想的建造中，大的建筑必须减小材料的重量，无论是提高材料的比强度，还是同比例减少材料的用量，这两种做法的综合结果就是大建筑在比例上变得更加轻巧。伍重理想中的悉尼歌剧院的结构层是 100~500 毫米厚的薄壳，但由于结构的困难，层次一再增加，最后变成了放射形三铰拱肋券加覆板的形式，没有达到壳体的程度。即使如此，肋券的平均截面也不过 1 米左右，对接近 50 米的高度和跨度而言，比值接近 0.02，仍然非常轻巧。无论从结构构件均匀度还是结构厚度比例，都达到了网络建造的层级[18]。

材料的尺度能不能进一步缩减呢？帐篷的结构反映了建造层次的极限，多数材料在压力作用下不能保证内部受力匀称，结构由于失稳导致失效。为了避免结构冗余带来的厚重结构和材料浪费，高迪用吊挂实验尝试让压力的路线精简纯粹，但直接应用拉力材料可以发挥最大潜力。弗雷·奥托用皂膜做模型，将闭合的边界框架浸入皂液中，这样取出后的框架就在边界间形成了薄膜表面，薄膜具有面积最小、表面压力相同、各方向受力均等的特征。这种"最小曲面"提供了一种确定帐篷结构形式的工具，利用"最小曲面"的理论可以得到表面积和截面最小的结构。罗孚·古特布罗德和弗雷·奥托设计的 1965 年慕尼黑奥运会德国馆用索网结构的屋顶把游泳馆、体育馆、体育场看台以及人行通道联系起来。三大核心建筑之间连绵起伏，将巨大的建筑体量处理得轻盈自由，如同湖边宿营的帐篷一样。轻若无物的漂浮式形态、巨大的跨度、轻灵的空间造型和丰富的光影变化，震惊了世界。（图 4-30）

但是这还不是层次的全部，从长远来看，建筑材料的

图 4-30　1965 年慕尼黑奥运会奥林匹克体育馆

图4-31　斯图加特大学阿吉姆·门格斯教授仿蛛丝编织方式用碳纤维建造的 ICD/ITKE 亭

尺度可以做得更小，斯图加特大学阿吉姆·门格斯（Achim Menges）教授在新作 ICD/ITKE 亭中展示了一种全新的材料形式，其灵感来自生活在水下并居住在水泡中的水蜘蛛的建巢方式。整个亭子被一层柔软的薄膜覆盖，机器人织出可以增强结构的碳纤维，形成了轻型纤维复合材料外壳构筑物，这种建造方式使用最少的材料实现了结构稳定性。直接用表面受力的建筑几乎已经达到了尺度层次的极限，虽然作为实验建筑这个建筑的尺度有限，但它的意义在于，编织的方式无论是材料截面尺寸还是构件密度与对应的空间的比例都更惊人，材料使用更充分，在形式上拓展了新的视野。（图4-31）

4.5.3　当代建造的水平

当代技术的进步包含了材料和加工技术的进步，也对应着人类认识水平的进步，在实现了更小的材料尺度之后，就可以看到更清晰的线索。最新普利策奖获得者弗雷·奥托的主要研究课题是轻型建筑，但是他没有用一道技术鸿沟把轻型建筑和其他建筑分割开来。在他的模式图（图4-32）中，人类建筑的发展就是轻型化的过程，或者本书所解释的层次化的过程。他的建造模式图几乎涵盖了所有人类建造类型，尽管他依然按照结构专业的原则把形式分为杆件、实体、膜等力学的抽

图4-32　弗雷·奥托总结出结构技术线索对形式的影响

象图式，我们仍可以发现建筑从独体到层次化、由小空间到大空间的渐进过程。

弗雷·奥托提出的分支结构几乎再现了层级发展的模式图。分支结构也被称为树状结构。弗雷·奥托通过反向吊挂制作了这个模型：将一块平板用 64 根细线悬挂起来，然后将细线反复编制直到形成加强的 4 股线绳为止，然后将结构倒置，就形成了分支结构。他对分支结构节点的位置以及各分支的有效长度都进行了精确的数学推导。64 分支正好是 2 的 8 次方，与克莱伯定律一致，结构的扩张意味着内部复杂度指数的增长。层次性的难度在于，向下的层次性增加的节点数目呈现几何级数的扩张，对人类的技术而言，3 至 4 层体系已经很多，但其实自然界中很多物质的层级都达到了 7 级以上，头发是 6 个级别，树可以到 20 个级别。分级结构（structural hierarchy）的优越性往往在具有挑战性的建筑中体现出来，因为只有在极限状态下，才需要发挥材料的最大潜力。罗德里克·雷克斯（Roderic Lakes）教授在《自然》杂志上展示了埃菲尔铁塔 3 级结构带来的效率。埃菲尔铁塔的相对密度（材料密度比单位结构体积的密度）只有 1.2×10^{-3}，相较于世界贸易中心的单层次建构，这个值是 5.7×10^{-3}，材料效率差距达到 4 倍。而且，世界贸易中心使用的钢材比埃菲尔铁塔的铸铁材料强度高出接近 2 倍，这体现了铁塔在低效材料前提下通过层级形式得到的惊人成就[19]。（图 4-33）

从 18 世纪开始，人类逐渐用新材料的形式告别了整个古典时期，今天的建造层次又面临着进一步的深化，从中可以看到一种趋势，那就是人类的能量水平与技术水平、认识手段是对应的，建筑正是在这种推动力作用下延续着形式的演进的。但是，如果把这种趋势仅仅看作一种单向的教条，就会有陷入技术决定论的危险。实证主义者不是技术决定论者，他们需要在新的经验中克服教条的作用。技术进步的作用是以一种趋势形式表现出来的，形式自身的发展绝不是技术进步的镜像，而是人与技术互动的结果。在某种程度上，所确定的是形式的关系而并非形式本身。材料的限度所带来的形式就在两个维度上发展：一方面，在空间的极限需求中，材料及节点无法应对时，材料逐步层次化，形式向力线靠拢，

图 4-33　埃菲尔铁塔的锻铁三级结构

建筑的形象表现出力的形式；另一方面，在空间的有限度的需求中，建筑形式是自由的。对一个尺度很小、相应的材料的建筑，建筑师可以采取更加自由的形式。（图4-34）

柯布西耶和密斯等现代主义的先驱采取的同样是网络建造的方式，他们按照需求确定理想空间尺度，然后调整不同位置的材料强度分布，形成具有多种层次的网络结构（钢筋在梁柱结合点加密，型钢的空间密肋构型），把力的形式消解在材料强度的分布之中。通过材料的多层次建造，力的图示隐入了结构之中，像火山爆发后岩石的凝结一样，这种过剩结构让材料重新回归低熵的简化，然后在技术体系和需求的互动之间重新走向复杂。建筑形式不会以力线的形式为终结，必然通过多层次表达实现材料的技术潜力和美学特征，而当建筑空间再次扩张时，蕴含在静力图中的形式又会逐步现身。

对一个过大的建筑来说，分级意味着把自然力带来的技术难度和材料性能要求分解为对材料的不同层级的要求。层次化的实质是每一级的建造各自应对不同的性能要求，当在层次内实现了最优时，结构问题就转化为下一层次的问题。同时，在不同层次上解决材料问题具有更大的灵活性，也会提高材料的效率。如此，建筑就转化为层次的建造。多种不同层次的形式存在，在材料的识别性和表现力方面给建筑整体的视觉协调带来了困难，这就需要用人类知觉作为工具去调整这些层次，

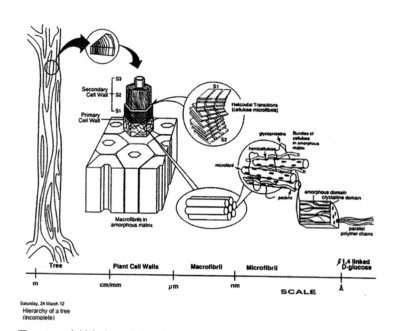

图4-34　木材多达20个层级的结构
（来源：Julian Vincent, *Structural Biomaterials*, third edition (Princeton: Princeton University Press, 2012), p.249.）

达到视觉完形和结构完善的双重一致。

就层次而言，建筑学似乎再次面临节点的制约和技术的瓶颈，从几何级数增加的节点给建筑带来连接技术上的复杂性，成为工程学的新课题。在上一次层次的发展中，人类用硅酸盐材料进行能量蓄积并进行现场释放，或者将电能、化学能量输送到现场，解决了节点的能量需求。面对更多、更细致的节点需求，以目前工业体系的建造水平仍然应对乏力，比较常见的措施是预制和装配，把节点的难度分散到工厂和机器制作中去，这种方式给形式的自由度带来不少限制，随着材料向微观纳米级别发展和制造水平向机器人打印方式迈进，人类终将面对新的能量和节点水平。（表 4-3）

表 4-3 本阶段材料发展和层次演变在人类材料史中所对应的阶段（作者自绘）

建筑材料	时期	能量水平	工具水平	工艺（动因）
木材，土	早期社会	人类体能	石头工具	绑扎、榫卯
石、木	希腊时代	木材燃烧	青铜工具	砌筑、钉子
砖、石、木	罗马时代	冶金	铁工具	砂浆拱券
石、木、铁	中世纪	高温冶金	钢铁工具	石材榫卯、扒钉
钢铁、水泥、玻璃	工业革命	高炉、煤炭	蒸汽机	铆接、螺栓
合金、高分子	现代社会	电能、石油	电机、内燃机	焊接、浇筑
纳米、薄膜、合成	未来社会	核能	超导、机器人	打印、编织

来源：作者自绘。

注释：

［1］迈克尔·温斯托克：《建筑涌现：自然和文明形态之进化》，杨景春、马加英译，电子工业出版社，2012，第 210 页。

［2］范泽鑫、曹坤芳：《树木高生长限制的几个假说》，《植物学通报》2005 年第 5 期。

［3］平方 - 立方定律（Square-cube Law）由伽利略在 1638 年提出，相关资料引自维基百科 square-cube law 词条（https://en.wikipedia.org/wiki/Square-cube_law）。

［4］朱振安：《骨的结构、成分和力学特性》，《医用生物力学》1994 年第 3 期。

［5］德国生物学家鲁布纳（M. Rubner）提出在生物界存在着类似的规律：$B \propto M^{2/3}$。

［6］M. Kleiber，"Body Size and Metabolic Rate，" *Physiological Reviews* 27，no.4（1947）：511-541.

［7］https://www.zhihu.com/question/21838758/answer/19585062

［8］达西·汤普森：《生长和形态》，袁丽琴译，上海科学技术出版社，2003。

［9］原始建筑由圆形向方形的转化既有人类学的因素，也有功能需求的原因，这部分观点来自天津大学张玉坤教授主导的系列研究，参见张玉坤、李贺楠：《史前时代居住建筑形式中的原始时空观念》，《建筑师》2004 年第 3 期；魏泽松：《人类居住空间中的人体象征性研究》，博士学位论文，天津大学，2006。

［10］马克 - 安托万·洛吉耶：《论建筑》，尚晋、张利、王寒妮译，中国建筑工业出版社，2015。

［11］约翰·拉斯金：《威尼斯的石头》，北京中文在线数字出版有限公司，2015，第 50 页。

［12］韩一城：《斗拱的结构、起源、与营造法式："铺作"与"跳、铺制作"辨析》，《古建园林技术杂志》，2000 年第 3 期。

［13］汉宝德：《明清建筑二论·斗拱的起源与发展》，生活·读书·新知三联书店，2014。

［14］黑川纪章：《新共生思想》，覃力、杨熹微、慕春暖等译，中国建筑工业出版社，2009，第101页。

［15］https://www.zhihu.com/question/47659145/answer/107515306.

［16］谢亿民、左志豪：《利用双向渐进结构优化算法进行建筑设计》，吕俊超译，《时代建筑》2014年第5期。

［17］温菲尔德·奈丁格、艾琳·梅森那、爱伯哈德·莫勒等：《轻型建筑与自然设计：弗雷·奥托作品全集》，柳美玉、杨璐译，中国建筑工业出版社，2010。

［18］陈健斌：《悉尼歌剧院解读》，《北京建筑工程学院学报》2008年第4期，第13页。

［19］Roderic Lakes，"Materials with Structural Hierarchy，" *Nature*，361（1993）：511-515.

第 5 章　形式的视觉匹配

> "建筑师必须是一位形式 - 艺术家（a form-artist）；只
> 有形式的艺术才能领向一条通往新建筑的道路。"
>
> ——奥古斯特·恩德尔（August Endell）

　　形式是一个与建筑共生的课题，也是建筑学追求的目标
之一。形式与内容是相互依存的，然而当这组关系转化为材料
的表现性与真实性的时候，对立就随之鲜明起来。

　　从迪朗提出建筑的"实在美"和"任意美"之后，许多
人都接受了这种双重的态度，但无论是博提舍还是辛克尔，建
筑师对二者的关系都是含糊其词的。尤其是在当代建构的观念
中，材料的表现与真实又一次呈现分离的趋势，近些年的研究
越来越重视材料的表现特征。戴维·莱瑟巴罗在他的著作《表
皮建筑》中指出："对材料建构的真实性一旦放弃，建筑的表
现必然脱离建筑学领域转向图像化，成为一种视觉的滥觞。"[2]
正如肯尼斯·弗兰姆普敦的抵抗建筑学所倡导的，建筑需要回
到建造当中寻求独特性。在这个背景下，重视建造过程的形式
探索涌现出来，比如以普利策奖获得者卒姆托为代表的一系列
建筑师注重对材质原生形式的追求，甚至采用近似于行为艺术
的建造，这种倾向被冠以"诗意"的概念而大加推崇。（图 5-1）
本书无意质疑这种对材料本质的还原和形式探索，然而特异的
建构真的能对抗图像的视觉冲击吗？建筑师如何从每一次建
构中提取独特性？答案是令人失望的，建构理论把希望寄托在
建筑师的个别性上，试图给场地、材料以特殊的内涵并与建筑
对应起来，强制赋予这种关系逻辑性，这种趋势导致了许多莫
名其妙的夸张建造和模仿，附以牵强附会的解释。

图 5-1　卒姆托用灼烧模板方式建造
　　　　的克劳斯兄弟田野教堂

我们终将面对一个严肃的问题：形式是不是一种可以独立于物质的存在呢？答案既是肯定的也是否定的，困境就在于：我们总是设想二者必须同时体现在每一次建造中，但真实和表现其实是形式完成的两个阶段，不可能同时在实践中涌现出来。启蒙时代的查理·艾蒂安·布里瑟认为：对比例（关系）而言不存在类似于主观美的个人鉴赏力，虽然人与自然的接近程度不同，因为他们学识和生理状况不同，但是从本质上讲，每个人都是一样的。也许这种独特的"感觉"可以在森佩尔那里得到解释，建筑形式必须放到建造的历史中去才能得到它的独特性，建筑材料也必须在历史中才表现出真实，再由人用自己的感觉实现完形，最后传送给他人。因此，建筑材料的真实不是永恒的，材料的表现也不是唯一的。当材料只有"真"的时候，它还不是"美"的，美是人们赋予真实的面具。历史的阶段性解决了形式和内容的对立，在这个理论支持下，就可以解释为什么建筑历史上关于真实呈现和自由表现之争反复交替出现。在实证主义者的视野中，没有永恒的形式也没有永恒的理性。

在整个人类建筑历史当中，形式既是物质的也是意识的，呈现周期的特性，这也是艺术风格周期性成熟 - 衰落说的依据。当然这种周期是复杂的，正如沃尔夫林所说，人类历史绵绵不绝，不同文化、地域技术的进步和形式的积累此起彼伏，风格的变迁就在波动和相互作用中展示出来。形式的这种阶段性发展与建筑材料的层次演进是吻合的：技术带来的工艺突破会产生新的建造的层次，无论是由于体量扩大导致的层次，还是材料尺度缩减形成的层次，都必须用新的图示加以应对。来自物质世界的形式就成为演绎的新材料，这种无遮蔽的技术形式需要人类的心灵体验——形式主义者要用自己的眼睛加工它，使之达到心理的和谐。对建筑艺术而言，形式确立是人类基于自身感知形成图示并匹配的过程。

5.1 知觉的作用

5.1.1 人类知觉认识的深化

知觉是精神活动，但却建立在物质基础之上。眼、耳、口、鼻甚至皮肤等感觉器官就是认识的基础。今天的科学完全可以揭示各个感觉器官的作用机理和解剖结构，然而模拟这些感官的装置——相机、录音机等并不能代替人类的认知。因为从器官获得的感觉是人类对事物的整体认识，是人类头脑加工的结果，而知觉超越了感觉，是一种纯粹的心理活动，是人类无意识的行为。直到今天，这种高等认知行为也是任何模拟技术难以企及的。

人类对视觉形式的抽象研究由来已久。在人类漫长的进化过程中人的视觉和心理成为密不可分的一个整体。人们很早就认识到，眼睛虽然像一部相机，但是并不能自动忠实地再现所有事物的本来面目。亚里士多德就指出："对所有的知觉而言，我们都可以说感觉（sense）就是这样一种东西，它能够将其他物体的感觉形式接受进来但是同时又不把（构成这些物体的）物质接受进来。"近代视觉研究的先驱是笛卡尔，他的空间知觉理论与柏拉图和欧几里得的视觉观念一脉相承，他认为光学的投射就是视觉的实质，这样视觉就变成了几何光学的物理理论和人类眼球视觉生理结构的结合。他认为，人们对于物体远近的判断是由于物体边界的光线对双眼形成的夹角，或说光线进入眼睛的分光程度，这种把视觉视作机械反应的观点是一种先天论。在视觉问题上也有经验和理性的对立，赫姆霍茨提出了著名的无意识推理（unconscious inference）说，他指出看起来有些知觉是自然的或者天生的，但实际上人只能通过练习和联想才能形成这种无意识的活动，多数人在婴儿期就习得了这种技能。比如距离判断就是在视觉的经验中获得的。1709 年伯克莱发表了《视觉新论》。作为经验主义者，他反对先验的视觉观，在他看来，空间知觉是人类心理的内省经验，人们借助心理活动，用联想的方式把视觉与触觉感受联系起来。这样，空间知觉就不仅仅是一种用几何解析的光学的行为，还加上了人类自身的内省，空间知觉研究成为心理学的重要领域。

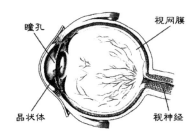

图 5-2　眼睛通过类似于透镜的结构在视网膜上成倒像

　　恩斯特·马赫在 1886 年出版了《感觉的分析》一书，他采用现象学的方式进行思想实验，对视觉问题做了全面考察，他认为空间视觉是一种起源于生物需求的生理机能，在他看来，空间视觉能力是造物主（Author of Nature）的安排，是为了帮助人们趋利避害，得以幸福生存[3]。

　　1619 年，德国物理学家 C. 沙奈尔（C. Scheiner，1575—1650）通过解剖绘制了人眼的示意图，证实了事物通过晶状体在视网膜上投射为倒像。然而我们头脑中却从来没有存在过倒像，即使人在倒立中，经过短时间的适应，就又可以恢复对事物上下的判断，这些都揭示了视知觉是一种主观行为的结果。关于知觉主观性的科学证据使人们对建筑材料真实性的要求发生了动摇，既然一切视觉都是人们无意识的主观行为，那么在建筑视野中，究竟应该服务于物质的真实还是视觉的意愿？这也许不仅是一个科学问题，更是一个哲学问题。

5.1.2　知觉与现象学

　　在科学和社会进步展开的新视野中，18 世纪科学大爆发带来了过度的理性乐观精神，经验主义者逐渐认识到这种理性趋势带来的危险。胡塞尔在战前撰写了《欧洲科学的危机与超越论现象学》一书，对欧洲科学带来的极端观念提出了反思。他认为自然科学用因果律和数学原理解释一切事物，最终将导致世界整体的普遍的形式化，使世界成为同一性的世界、公式化的存在，这种在过度形式化的基础上进行的符号思维使人类丧失了反思的能力，科学快速发展带来的自信使人们试图以模式化认识方式代替直观理解，把世界简单地归结为符号和公式。他们恰恰忘记了科学本身就来自直观，来自人的经验，人在科学的因果律面前丧失了对感觉的自信。因此，胡塞尔认为人们应该重新重视体验的价值。现象学是关于本质的研究，一切问题都在于确定本质，他悬置自然以便理解他们，但是在进行反省之前，世界作为一种不可剥夺的呈现，已经存在，所有反省的努力都在于召回这种与世界的联系。如果没有体验，科学符号就毫无意义，整个科学世界是在主观世界之上构成的，科学是对世界体验的间接表达。科学与被感知的世界过去没有将来也绝不会有同样的存在意义[4]。

科学家也认识到了自然科学的局限，他们希望把类比于机械和类比于生物的规律统一起来，打破自然世界和心灵世界的界限。在恩斯特·马赫的体系里，物理学和生理学是统一的。马赫对物体的定义进行了厘定，他指出物体不是之前人们认为的那样，是恒久的、不变的、形而上学的，而是人类感觉中相对稳定、相对恒久的部分的复合体。比如一个桌子，它并不是一个独立于人类感觉的存在，而是一个有硬度、有颜色、有形状、有质量的复合体，硬度、颜色、形状和质量是桌子给人的感觉中相对恒定的部分，而光线、温度等并不是恒定的，因此不会被放入桌子的定义中。他认为离开人类的感觉去讨论物体是无意义的，那么物理学中的因果论和生理学中的目的论怎么调和呢？在马赫看来，因果论的建立是以人类的感觉为基础的，所有物理学方程式其实是人类的感觉中关系的定量化，实际上马赫不赞成在因果论的基础上讨论物理问题，他引入函数的概念来讨论，即用函数来表示现象之间的依存关系（因果关系），这与休谟对于人类理解的分析殊途同归。这样，物理学的因果关系就变成了生理学和心理学的感觉（现象）关系。马赫的观念对材料的表现有深刻的意义，材料不具备超越理性的永恒形式，它的恒定性不过是人类感觉的一部分，是一种特定时空具体的存在。

在自然科学和哲学对理性科学反思的基础上，梅洛-庞蒂的观念在现象学和心理学之间架设了桥梁，他在《行为的结构》中明确了现象学的观点。梅洛-庞蒂的"知觉意识"不同于胡塞尔那种近似于先验的形式解读，在他看来知觉作为一种实践活动可以沟通生理与心理，实现身体和心灵的协调。他不同意经验主义者把经验看作感觉的集合，同时也反对理智主义者给知觉加上理性的色彩。梅洛-庞蒂坚持知觉与人的自身实际经验相关，人们的知觉作为一种心理活动本质上就是身体意向性的结果。

在他看来，"没有感觉的生理定义，更一般地说，没有独立的生理心理学，因为生理事件本身服从生物学和心理学规律……两种技能是交织在一起的，因此生理学和心理学不再是两门平行的科学，而是两对行为的规定，前者是具体的，后者是抽象的"[5]。梅洛-庞蒂的结论最终打开了建筑的形式之门，人的形式认知不像理智主义者那样凭借逻辑实现，同时也不是经验主义者所理解的感觉集合，知觉现象学——尤其是其视觉研究，强调的是体验而不是经验，毕竟人不可能靠推测物体表面上的大小复原到真正的大小，真正的色彩也不是推断出来的。梅洛-庞蒂断言："现象学的世界不属于纯粹的存在，而是通过我的体验的相互作用，通过我的体验和他人的体验的相互作用显现的意义。"这样，建筑师对形式的体验就可以作用于他人，也就可以以直观感受为依据，传递基于人类生理的共同知觉，从而挣脱技术和传统的羁绊。人对形式本能的回应给了建筑形式美学一个坚实的起点。

5.1.3　心理学与形式自足

哲学和心理 - 生理学研究的成果为建筑形式指出了一个方向，人类也需要认识自己的知觉——尤其是视觉体验的规律，对建筑学进行自然和技术之外的解读。如果把对理性的批判放到整个人类历史中去看，这种理性与感性之间的转换也不足为奇，不管是文艺复兴的回归，还是新艺术运动的兴起，在建筑的形式问题上，科学和艺术的博弈由来已久。

基于视觉艺术的发展和现象学的反思，20 世纪初欧洲出现了以视觉构成为标志的先锋艺术，其中魏玛的包豪斯学校在形式方面的探索尤为突出：伊顿在"造型与形式构成"课程中强调对材料的视觉、触觉甚至味觉进行真实体验；康定斯基在视觉方面的课程中用形式构成的概念把图像抽象化，在他的构图课程"点、线到面"中，他强调艺术作品的各要素及其相互之间的关系构成"一个层次分明的有机体"。包豪斯的形式探索重视元素及其关系形成的整体感受，而不受表达方式和内容再现的束缚。同时期的格式塔心理学中"张力"的概念与之不谋而合，表现出惊人的一致性。格式塔心理学的创立为形式探索提供了实验和理论上的科学依据。

1912 年，韦特海默用实验证实在大脑皮层上发生的两个刺激之间会产生关联，从而为格式塔心理学研究确立了起点。Praganz 是格式塔心理学里最基本的原理，韦特海默提出大脑会对体验的现象施加一种心理组织，一种主导条件能够允许的心理组织。该组织不仅使得观者对感觉世界产生一种整体感，还会让观者感到感觉世界看上去到处都有意义。（图 5-3）格式塔心理学的研究集中于直接经验和行为，把经验和行为看作整体来研究。其主要观点是人在本能上是以完形的方式对事物进行整体认知的。其中同型论（isomorphism）认为一切经验中都存在着"完形"的特性，光学物理、人体生理与人的心理活动之间是紧密联系的，"同型"的关系是联系它们的纽带。在格式塔心理学体系中，心理现象是完形的过程而不是部分叠加的结果；自然地经历到的现象会自动完形，而不是根据从前

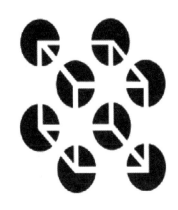

图 5-3　分布的黑色小球图案在视觉组织作用下形成立方体的图案

的经验再现。

完形组织法则（Gestalt Laws of Organization）已经被实验证实，它解释了认识的主体——人如何把从经验中得到的知觉信息按照特定的方式组织成有意义的整体的过程。整体并不是部分相加的结果，整体包含的信息也不是部分限定的，整体和部分之间的关系还包括部分以何种方式组织成为整体，因此部分增加给整体带来的复杂性和丰富性不是线性而是级数增加的。

同型论和完形组织法则与材料层次建构的形式是对应的，按照格式塔理论，对于形式的发展，最重要的是要素的数量以及要素之间的关系形成的整体感受，而不是对某一种具体材料的特性的独特感官体验，同时正如前文所述，自然界的形式规律中普遍存在着同型的现象，建筑材料在自然制约下必然出现层次的特征，生理、心理和物理也必然走向形式的一致。心理学家鲁道夫·阿恩海姆（Rudolf Arnheim）在后期视觉理论的发展中把形式和视觉更紧密地联系起来，在《艺术与视知觉》（1954）一书中，用一种格式塔的方式将"表现"界定为"在被感知物体和事件的动态外貌上所展示出来的有机行为和无机行为的模式"[6]。表现因此被"嵌入"结构中，这让阿恩海姆得到了对同构论的特殊定义，即"在刺激模式和所传达的表现之间的结构相似性"。这是我们"看待体验世界的普遍性且自发性的方式"。阿恩海姆在《视觉思维》（1969）一书中，阐释了一个明确的格式塔主题："我们叫做'思想'的认知过程并不会让心智过程凌驾在感知之上，之外，而是感知本身的本质核心"。这样理智在人对形式的认知中就可以缺席，人的感知和形式评价也就成为一个与内容无关的问题[7]。

如果说历史不是简单的反复而是一种跃迁，那么20世纪20年代以来，形式研究最大的进展就是完形心理学的兴起，心理实验的结果终结了艺术上所有自说自话的形式表述，把形式和人的生理、心理机能紧密联系起来。格式塔心理学以形式为研究对象，并为形式主义作为独立的艺术指导思想创造了条件。路易斯·康明确指出，"在所有美的艺术中，最本质的东西无疑是形式"。对形式的强调表达了他对过度模仿和再现的质疑，那种所谓科学的艺术创作态度只强调了所描绘的事物本身而丧失了对感觉的整体关注。形式主义反对内容的过度表达，认为再现只是低等级的体验形式。英国艺术批评家罗杰·弗莱（Roger Fry, 1886—1934）认为，形式是艺术最本质的东西，由线条和色彩的排列构成的形式把"秩序"和"多样性"融为一体，使人产生一种独特的愉悦之情。这种愉快感受不同于再现性内容引起的感情，后者会很快消失，而形式引起的愉快感受却永远不会消失和减弱。格式塔心理学的形式理论符合胡塞尔的现象学中悬置先验形式的要求，也和梅洛-庞蒂知觉现象学中身心体验的需求相一致。

5.1.4 建筑形式的层次

现在，让我们再次回到大和小、多和少的概念中来探讨建筑的完形。前面已经阐述了由于材料的时代局限，建筑尺度的放大必然导致多层次；同时，由于周期性的材料和技术革命，材料尺度缩减也会导致层次的变化。

建筑的层次展示了建筑内部和外部的关系，因为建筑本身就是材料的连接，无层次的建筑是不存在的。建筑的形式正是通过不同尺度组合关系表达的，相比较而言，建筑在物质世界中的真实是物质需求和物质实现互动的结果，不是形式的唯一映射。知觉现象学认为事物的大小在限定视野中是无法精确判定的。在梅洛 - 庞蒂的心理实验中，当一列火车迎面驶来时，由于人的心理作用，车辆增大的速度非常快，越靠近观察者其形体显得越大，反之，当火车驶离时，车辆变小的幅度就变得平缓，这说明视觉是在心理作用下调整大小变化幅度的。因此在完形心理学的研究中，客体的大和小与实际情况不完全一致。知觉按照人类心理对大小进行判断。这种恒常性来自事物的关系和组织，人类通过对周边事物环境关系对比和识别来确定事物的大小等特征，在"艾姆斯小屋"实验中由于使用反透视的环境设置，人们会失去对大小恒常的判断。

形式以关系的方式表现出来。当一个建筑呈现层次建构的时候，其构件一定与建筑整体产生对应的比例关系，在没有其他参照物的情况下，建筑通过形式元素内在的关系展示出建筑的尺度。一座多层次的建筑由于构件呈现出丰富的连接关系，必然显得纤细精巧，反之，一座单层次的建筑的节点也许屈指可数，然而随着观察的深入，次一级的形式也会呈现出来。次级形式在上一级中会以另一种视觉要素的形式呈现，形式就这样以嵌套的方式呈现在人们的视野中。

以一座中国古代殿堂为例，人们首先通过上檐下柱判断其整体的比例关系，得出它是舒展建筑还是高耸建筑的结论，在这个层次上实现整体尺度的视觉完形；第二个层次是多开间大殿中梁柱的组织方式，在这个层次上，柱子与开间的关系，梁架与屋顶、柱子与梁架的比例关系都被观察者的眼睛捕捉，形成一个丰富的网络，心理会迅速在其中寻找内在联系的规律，并产生识别和认知。斗拱作为建筑构件，在不同层次认知中呈现不同形式的存在，在第一层次视觉完形中以康定斯基所说的"面"或者说表皮的形式被组织进视野，仅呈现出斑驳的色彩，参与塑造带有质感的体积；而在第二个层次上，斗拱以序列的形式被组织进梁柱体系里，以带状（线）的结构元素呈现。只有在审视梁架自身的时候，第三层次的视觉完形才会出现，斗拱的形态转化为视网膜上丰富的嵌套和遮挡关系，人们通过眼部晶状体或者双眼协调破解斗拱的形式规则并通过心理整合成为韵律。所有这一切甚至并不需要人的位置变动，人可以在自己需要的范围内进行视觉完形。

天津大学何皓亮 [8] 在论文《人眼视觉分辨率对于建筑视觉场影响的量化研究》中，以一座古建筑（孔林享殿）为例，对不同尺度的古建筑构件做了视觉分辨的研究，其结论也对本书具有佐证作用。如图 5-4 所示，何皓亮把构件分为主要构件、次要构件、普通构件几个层次，可以大致对应框架、构件、节点。结论证明在视觉识别中并不是按照由主到次、由大到小的顺序进行的。在不同的距离上，识别出现了间断性。何皓亮认为在 40~120 米间呈现的层次较多，可以形成丰富的视觉组织，因此可以确定最佳的观看距离。这当然是正确的，但是这个分析还有更深一层的意义：我们注意到从 200 米到 400 米，建筑识别出现了跳跃性——这是因为次要构件的数目更多，更有组织，因此在很远的距离上就产生了有效的识别特征，这意味着不是视觉分辨率而是完形的程度决定了视觉的识别。这两个尺度分别对应了框架和构件的组织方式，框架结构由于凸凹不充分、阴影不突出不能在更远的距离上被识别，而斗拱的梁带及阴影贯穿整个建筑，在屋檐和底部之间形成了更高级别的图示。（图 5-4）

这种从整体到局部的识别特征在近代的视觉心理学研究中也得到佐证。对于一个要认识的对象，认识的过程是先从部分开始形成整体，还是先直接感受整体后再认识部分？认识的次序一直是一个存在争议的问题。一般情况下，格式塔心理学认为整体大于部分之和，整体是先于部分被知觉的。

1977年，纳冯（Navon）通过字母识别实验对视知觉的整体加工和局部加工进行了研究，结论是："知觉过程是从整体结构开始的越来越复杂的分析。"整体优先效应（Effect of Global Precedence）是指个体在加工复合刺激时，知觉系统首先加工整体，然后再加工局部。Navon首先区分了总体特征（global feature）和局部特征（local feature），前者在知觉加工中可以被看作整体，而后者可被看作部分。

建筑的形式是以层次关系呈现的，关系可以被看作建筑形式的特定表达，只要有关系存在，必然有对应的形式，形式和关系是相互依存的。依据结构主义的观点，形式就是一种特定的关系。

5.2 材料的视觉尺度

5.2.1 形式的匹配

英国美学家赫伯特里德说过，"整个艺术史就是一部关于视觉方式的历史，关于人类观看世界所采用的不同方式的历史"。当视觉从立面转换到视场后，形式就不是精确的再现，而是一种匹配。贡布里希（Gombrich）指出，任何艺术家都需要借助图示作为媒介模仿自然，这些图示在人类历史中普遍存在，人们借助这些几何关系完成表达。阿尔伯蒂在《论雕塑》中认为艺术的起源来自形式完形，他说："我相信种种目的在于模仿自然创造物的艺术，起源于下述方式：有一天人们在一棵树干上，在一块泥土上或者在别的什么东西上，偶然发现了一些轮廓，只要稍加更改看起来就酷似某种自然物，人们就尝试是否能加以增加补足它作为完美写真所缺少的东西。"[9]这种投射的思想，被贡布里希称作"先制作后匹配"，而匹配过程本身就是通过一个个阶段的图示与修正进行的。

制作与匹配的观点本质上与格式塔的同型论是相互呼应的，格式塔心理学反对把人的神经系统看作类似于机械的事物。机械只能按照规定加工输入的东西，但是它自己不能修改加工的过程。而神经系统认识的是现实世界所谓"真实"的表象，而不是对现实世界完全的再现，在视觉中的事物大小和形状是一种关系的图示，这种图示关系可以比作地图对现实世界的描绘。地图无法表达所在

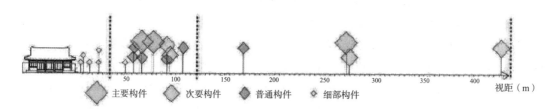

图 5-4　在接近孔林享殿的过程中，视觉中建筑构件要素的出现次序（随着距离减小，构件识别顺序并不按照大小依次出现，可见视觉是通过整体观察感知对象的）

地方的所有细节，而只是实地大小的一个缩小版。地图与真实世界是同型的，可以作为认识真实世界的依据。在神经生理学方面，考夫卡等人设想人类的感知过程类似于电场的运作方式，脑电波可能建立神经元的活动区域以应对外来的刺激，这种同型的刺激是形成识别的物质基础。

贡布里希说："因为艺术家已经发现了他们应该'画其所见'这个简单的要求是自相矛盾的，所以艺术已经莫知所从……"[10] 实际上艺术家应该"画其所知"，表达出最初埃及人那种对最原始的真实性的追求，抛弃了文艺复兴以来把真实通过一个视觉虚拟场景再现的表达方式。他否认"艺术模仿自然"，认为再现性艺术是把客体整理为艺术手段所能表现的形式（模式、图式、语汇）。我们受预成图式支配，依靠图式来整理自然。人们认识的过程，就是用心中的预成图式与自然不断比较、调整并进行修正的过程。表面上看起来这似乎又回到了先验主义的起点，然而形式匹配理论是从"场"的概念发展而来的，预成图式不是来自上帝，而是指由经验、学习在大脑中加工成形的一种观念模式。这就与我们从自然中观察以及从实践中获取形式的过程相吻合，这种图示是按照格式塔原则完形并层次化的，不是具象的形式或者符号，而是一种形式关系的总和。知觉场里的形式没有改变物质世界的真实，改变的只是我们理解世界的方式。能够把现实世界和艺术作品联系起来的只有事物的关系的图示，而这种关系是用尺度和层次表现出来的。20 世纪初期的立体主义和构成主义兴起的目的就是要表达关系，而不是再现不可靠的"真实"。

5.2.2 材料的尺度层次序列

如果说从物质世界提取形式是制作的过程，那么在知觉场中再现形式就是匹配的过程。匹配图示有两个特点：第一，图示是一种我们从经历中获得并符合技术要求的形式；第二，图示不是一个大小恒定、形状明晰的形式，而是人类心理中一个抽象的形式。按照格式塔的地图理论，图示与真实建筑的匹配是一种拓扑学上的近似，或者说在特定维度上一致。

这两个特点与我们罗列的层次化建造不谋而合，层次化的建造并不是对三维尺度的严格限定（视知觉正是通过比较获得大小的概念，而不是按照数值区分大小），而是体现了维度的特征，既包括最小尺度，也包括分级形式。一个完整的格式塔是一个系统，表现了建筑特定层次内在要素之间的关系以及要素和整体之间的关系，这个格式塔是在自然力的极限作用下得到的形式。不同的层次图示具有不同的维度，节点和截面各不相同。只有按照图示匹配，建筑才能展示出内在的独特性。我们可以尝试把建造层次和材料尺度一一对应起来。

5.2.2.1 表面的材料尺度

1. 表面（surface）的概念

（数量级举例：棉织品每 10 米单向 10 000 根纤维）

从材料角度看，表面是一种最浅层的材料尺度。一般来说，玻璃、涂料、纤维或者厚度极小的材料都可以看作表面尺度，表面可以自身充当结构层，也可以附着在结构层上，或者与上一级的构件一起组成结构。本书中表面尺度对应的材料建造层次是编织。在森佩尔看来，编织意味着一种最原初的形式来源，是人类从工艺活动中得到图示的过程。编织是以材料组织单元极小化为特征的，是人类材料工艺的极限，可以理解为一种最小尺度的材料衔接。

任何层级的材料建构的实质都是材料的空间分布状态，也就是材料的空间图示，但是表面的尺度（第三维厚度）与建筑的体量相比几乎可以忽略不计。表面的构造厚度微乎其微，拉力维持下的薄膜表面也仅有二维的受力关系，可以认为表面是一种最低层级的材料尺度，只有用材料质量和空间距离相关的 BIC 单位才能表现其特性。随着技术的发展，表面和表皮、编织和网络建造的方式也出现融合的趋势。（图 5-5）

2. 表面的特性

本书所指的表面是指一种最低层次的建造，同时也是最小的材料尺度。表面的建造是一个产生图示的过程，也是一个材料使用的过程。在《表皮，表层，表面：一个建筑学主题的沉沦与重生》一文中，史永高对三者的差别做了明确的区分：表面与森佩尔的饰面紧密相关，带有视觉和文化的双重地位；而表层才表达了这个层次化的建造方式，是一种叠层式建造而并非独体建造；表皮则在另一个层面上强调了与建筑结构的分离关系。在层次化的图示中，在表面上使用这种单一材料尺度是对内部材料真实性的遮蔽，也意味着内部材料真实再现的让渡，这种尺度的材料使用方式消解了其他形式匹配的要素——图案、颜色，使之统一到表面材料中，因此能够最大限度地反映底层形体的关系。在弗雷·奥托的最小化表面研究中，张拉建筑在结构支点之间表现了材料在自然状态下力的最优路径，这种图示很早就存在于早期人类建造中。

图 5-5　上海世博会奥地利馆建筑表面用的小马赛克编织纹理

3. 表面的视觉完形

就具体尺度而言，一般意义上的表面相对厚度极小，以 3 毫米的涂层为例，如果将其涂覆在一个较小的建筑上，即使 10 米左右的体型，表面与体型的尺度关系也是在 1:300~1 000 这个区间。在视觉上，表面与主体显示出巨大的比例差异，不能形成同层次的格式塔，无论玻璃、涂料、织物都难以在自身尺度上形成凸凹转折而表现出一种"二维图案"的特征。因此，表面的视觉图示完形，一般是以肌理、质感和图案的方式呈现出来。表面材料尺度是一种相对关系，不是一个固定值，它也可以有一定程度的三维表现，在视觉上虽然没有编织的建造方式，然而这种凸凹丰富的深度，与建筑的受光结合在一起，形成了从光洁到粗糙甚至斑驳的质感，在建筑的转折区域表现得尤为突出。（图 5-6）表面材料的尺度变化具有丰富的表现力，表面材料的二维化可以通过色彩及明暗组合形成图案，并组织到建筑的视觉形象中得以实现。图案的尺度就成为另一个层次的视觉图示，也是视觉匹配的手段之一。透明的玻璃材料给予表面特殊的表现力：一方面在外部光线强的情况下表现为镜子，倒映四周景象，在视觉上融入场景，自动匹配完形；另一方面，在内部光线占优势时，比如阴影中或者夜里，能把内部尺度——框架层次的关系清晰地展现出来，这种复合层次的特征也是玻璃建筑魅力所在。

5.2.2.2 表皮（skin）的材料尺度

1. 表皮的概念和特征

（数量级举例：12 厚砖墙每 10 米 700 块左右）

在有关建构的研究中，表皮是一个热点，但是关于表皮意义的辨析也处于一种矛盾和冲突中。目前国内的表皮概念过度强调了表皮的视觉表现特性而忽视了表皮也是构造的一个部分，表皮以不同形式承载着不同的建筑功能，不是所有的结构都可以和表皮分离的。表皮的要点不是材料本身的构造方式，而是材料使用中体现出来的独特的关系图示，正如森佩尔所言，只有完全掌握材料，方能把材料忘却[11]。

在本书中，表皮只是材料的层次之一，是一种比面层更高级的建构。"表"意味着表层的层次在建筑主体之外并具备可见性，而"皮"则意味着这种尺度建构的自组织性。相对于

图 5-12　安藤忠雄住吉长屋墙体清水混凝土的表面

表面，表皮绝不是无结构的附着物，它至少在一个单元内是结构自足的，这也是英文 skin 的应有之义。单个的单元不是表皮，单元形成的网络才是表皮的外在表现，这就是幕墙作为一种表皮在工程中逐渐走向单元化的原因，这里面不仅有经济规律、技术因素，还有深刻的层次逻辑。

2. 表皮的多元性

表皮尺度在形式上最重要的特征之一就是材料呈现三维空间分布（相对于表面具有厚度）。如果材料不仅在二维空间内具有广延，还有三维的深度，就可以称作表皮。表皮有部分的结构功能，这种结构功能用于实现单元的强度，而单元结合起来就形成了网络，网络的组合关系可以看作形式的第四维度——复杂度，并以某一种特定图示表现出来。这种图示表现了表皮的凸凹深度、构件密度以及结合的方式，在不同视觉尺度上展现出自身的特质，构成建筑形式的内在规则。表皮的自由度来自其自身的结构模块作用，因此它能够在深度范围内实现表达。然而表皮的纵深不可能超过建筑节点甚至框架的尺度，其图示特征以二维形式为主，也表现出三维的丰富性。表皮拥有本层次独有的表达深度。与表面尺度相比，表皮尺度范围扩大了，一个常见的表皮尺度（深度）可能在 0.1~1 米，相对于一个空间尺度为 10 米的建筑，比例为 1:10~1:100，表皮的表达自由超过表面，既可以展示伊甸园植物展览馆（格雷姆·肖）轻巧的外壳，也可以如同路易斯·康的印度管理学院的砖墙那么沉重。由于单元尺度的限制，表皮的图示表现出的是连续性而不是间断性，往往以波动、渐变等形式出现。

3. 表皮的视觉完形

表皮自身的数量关系和连接方式构成了形体的完整度，其自身尺度（深度）的约束让表皮单元之间的构造逻辑呈现出一致性。在表皮的视觉完形中，单元尺度的变化有助于形成更丰富的视觉图示。表皮的视觉畸变是视觉操作的常用手段，在有限的三维空间内，表皮可以通过材料单元之间尺度的变化展示表皮图示的丰富性和自由度。这种自由局限在表皮三维尺度之内，自然展示出内生的限制性，不会破坏整体的视觉一致性。在格式塔的匹配原则下，多样性的变化与单元尺度的统一整合为一个协调的完形。汉堡易北爱乐音乐厅（Elbe Philharmonic Hall）的外墙就是这种尺度的精彩例证，表皮单元以不同角度开口的阳台形式在整个建筑立面上形成了丰富的节奏和韵律，这个尺度超过了传统幕墙的表面尺度，不再是简单的形体包裹，凸显了表皮尺度上建筑的丰富图示。（图 5-7）

5.2.2.3 节点（joint）的材料尺度

1. 节点尺度的概念

（数量级举例：10 米跨度建筑斗拱 9 朵，约 100 构件）

节点是更高层次的尺度。在建筑中，节点往往是无法掩饰的表现，因此更容易形成富有特征的图示。由于材料性能的要求，将建筑分为一到两个层次后，接触点成为薄弱之处，因此必须分解为更小的材料尺度以应对材料的不足。节点的深刻含义在于它是关系的枢纽，对于多个对象不同的方向必须表现出联系的作用，因此在空间上有更高的自由度，展示出更加复杂的特征。节点是许多领域共通的概念，通常来说，是指局部的膨胀（像一个个绳结一样），抑或是一个交会 [12]。这个来自网络学的定义描述了节点的图示：节点要过渡处理复杂的关系，并将尺度相应放大，在这个层次上材料应用连接了不同的单元，成为构件和表皮之间的过渡尺度。

2. 节点尺度的特点

节点是视觉展示的重要层次，无论是希腊的柱头还是中国的斗拱，古代建筑把节点放大并修饰是一种普遍现象。节点的特征与力的传递密切相关，它是在材料性能制约下产生的，因此更多体现出物的意志。一方面，节点的两大特性关系到节点的复杂度，随着建筑的受力关系不断变化，节点的形式也会相应变化；另一方面，材料的强度发展也会改变节点的特征，因此节点尺度的图示具有最丰富的变化。（图5-8、图5-9）

3. 节点的完形

节点的特点决定了它的图示是最活跃也是最可能被改变的。古典建筑美学体系的特征很大程度上来自节点层次，无论在梁柱体系还是拱券体系，节点的复杂度往往给视觉的协调带来困难。因此，材料学的进步促使人们采用尺度变化的方式消解节点，在哥特式建筑当中，肋架拱的使用消解了柱头的形式，同样，在中国古建筑当中，斗拱也逐渐成为一个过渡带，实际上弱化了形式的独特性，使其向网络分布的形式转化。随着当代技术的进步，材料建造的方式向网络化、层次化发展，节点也逐渐融合到建筑结构体系中去，失去了古典建筑中特有的地位。

但是在特定的环境下，节点仍然会以一种独特的方式表现出来，成为建筑的视觉核心。在托马斯·赫尔佐格的作品汉诺威世界博览会大屋顶的木质廊架中，柱子和屋顶之间平缓柔和的过渡展示了节点联系的特征，在极大的空间尺度和极小的材料截面制约下，力必须以节点关系的形式再现它本来的图示。日本建筑师坂茂致力于将木和纸等轻质结构的潜力发掘到极致，在轻质材料强度的局限下创造了很多独特的节点图示。当代大空间建筑当中弗雷·奥托的树形节点图示也得到了广泛应用。节点的尺度在缩小，并不意味着节点层次的消失，或者节点就可以等同于网络结构的表皮，节点的特征——关联性要求它在复杂度和对力的回应方面超越表皮的形式特征，本书中的节点一般指把建筑水平和垂直部分联系起来、采用支撑方式建造的部分，建筑的个性往往就在节点的关系图示中展现出

图5-7 赫尔佐格和德梅隆筑建事务所设计的汉堡易北爱乐音乐厅幕墙表皮

图5-8 坂茂设计的法国蓬皮杜梅斯中心（Centre Pompidou-Metz）节点展示1

图5-9 坂茂设计的法国蓬皮杜梅斯中心（Centre Pompidou-Metz）节点展示2

来。

5.2.2.4 构件（element）的材料尺度

1. 构件的概念

（数量级举例：10 米屋架内杆件数目 10~30 不等）

普遍意义上的构件指的是系统中可以被更换的部分，它具备特定的功能，符合一套标准并借此实现连接。本书中的构件指的是建筑物内部逻辑关系的图示中被节点分开的独立模块。每一个模块部分的材料、功能和形式都可以是独立的，既可能是具有支撑功能的墙柱，也可能是具有覆盖功能的屋架，它们组合起来形成建筑的体型和空间。构件之间力的传递路径清晰简洁，可以按照力流的方式调整外形，表现出形式的自由。构件在尺度上超过表皮和节点，但在复杂性这个维度上低于它们，体现了构造关系的简约。

2. 构件层次的特性

在当代建筑中，框架体系的梁柱逐渐失去了构件的特征，因为材料在构件内部形成了网络化，如钢筋在混凝土内呈现层次化的分布，梁和板、墙和柱逐渐融合在一起，体现了在材料性能逐渐超越技术要求的情况下建筑图示新的发展。虽然在工业建筑中构件这个尺度还大量地存在，但是随着建筑规模的扩张以及层次的增加，构件尺度的图示逐渐失去了表达的机会。香港汇丰银行大厦那种把构件尺度展示在立面上的做法曾经风靡一时，但是随着技术的发展和材料建造图示的层次化，这种大尺度的形象逐渐显得与时代格格不入。如果我们回头考察材料发展的总体规律，就会发现我们曾经强调的趋势：建筑不仅仅由于功能的要求在三维尺度上发展，第四维上的分形促使整个社会技术倾向和美学观念逐渐转变。

3. 构件尺度的完形

最常见的构件是支撑和跨越两个功能对立的构件，这是从"上栋下宇"的图示中产生出来的。随着当代建筑在尺度上不断扩张，构件自身出现了进一步层次化的趋势。伊东丰雄在仙台媒体中心的设计中把柱子分解为螺旋状的纤细钢管。赫尔佐格和德梅隆在纳帕山谷多明莱斯葡萄酒厂的设计中，更是通过层次化把材料的潜能发挥到了极致，他们从附近的峡谷中挑选出 20~50 厘米见方的石块，分装进立面上的"篮子"里；篮子由预制金属网制成，有两种尺寸，不同的尺寸分别对应通风采光以及私密安全的要求，墙体清晰地展现出构件层次的变化，形成了基于功能和构造的完美图示。此外，随着材料在第四维度上的发展，构件的概念进一步融合，许多建筑采用跨越楼层的整体结构，让支撑结构整体转化为一种图示化的层次，表现了支撑构件从墙体到柱子再到支撑体的进一步发展。伊东丰雄设计的表参道 TOD'S 专卖店的外墙就实现了支撑的功能，又与窗洞功能和树木的分支图示结合在一起，反映了构件尺度在形式上的潜力。（图 5-10）

5.2.2.5 体型（shape）的材料尺度

1. 体型的概念

（数量级举例：10 米见方空间内有 3 个开间）

在《现代汉语词典》中，体型是指人体的类型（主要指身体各部分之间的比例）。本书中体型尺度的意义是：一个完整的建筑体内部的框架是如何组织的，又是如何形成外部和内部空间的。体型既包括内部单元之间的关系，也包括其在外部形成的体型。体型的变化范围有一定的限度，超过这个限度就会让建筑失去独立性，或者说将建筑转变为建筑群体。按照格式塔的理论，建筑的外部存在视觉张力，当一部分体型变化过大时，突出于本体外的部分就产生了独立的倾向，使人们在视觉上把它与本体分离开来，尽管二者仍然有部分连接在一起，也会导致建筑在视觉上分解为两个独体。这里的体型是指视觉的整体性而非功能或者结构上的完整性。

2. 体型的特点

体型的特点在于通过变更材料节点位置，或者变更组合方式，可以形成丰富的体量变化，这也是建筑主要的造型手段。建筑体型可以在三个维度上自由发展，近现代发展起来的高层建筑充分发展了高度维度，许多高层建筑在体型上求创新，但是由于结构的局限性，高层建筑在体型上缺乏自由度，因此近年来高层建筑在构件、表皮及表面层次做了更多的尝试。

平面在这个层次上是最大的活跃元，平面的扩张直接在体型上反映出来，突出部分展示出的形式增加了体型的复杂度（多维）。同样，也可以切削和挖出的形式把部分单元分解出来，在体型完形的基础上实现图示的丰富。无论何种形式的体型变化，虽然在具体尺寸上有差异，但是它们的层级基本一致，通过凸凹展示形体的丰富性，比如山本理显设计的天津图书馆内部，通过悬挑的体型模块界定了空间轮廓，使大空间的边界和体型的尺度相互穿插融合，展示了体型尺度上的图示表现力。

3. 体型的完形

体型的完形有多种方式，无论是弗兰克·盖里的作品——毕尔巴鄂美术馆非线性的体形扭曲，还是 BIG 的作品——哥本哈根山住宅方正错落的造型，它们在对体型尺度展示的维度上是一致的。（图 5-11、图 5-12）多数建筑当中体型尺度以柱网结构的形式表现，比如 8 米 × 8 米 × 4 米的常见柱网，建筑可以在此基础上进行三维的组织和扩张。可以设想，如果这个体系持续发展，当整体尺度内包含的形式元素数量达到下一个层级所规定的级别时，比如住宅个体相对于城市，图示就会转化为类似于网络的表皮层次。可见，大小不是视觉尺度的关

图 5-10　伊东丰雄设计的表参道　　　TOD'S 专卖店

图 5-11　弗兰克·盖里作品——毕尔　　　巴鄂古根海姆美术馆

图 5-12　BIG 作品——哥本哈根山　　　住宅

键，关系才是尺度的决定性因素。

艾森曼等人的设计作品，在体型尺度的基础上，以一种错位和变格的组合方式形成图示，对体型的微妙操作使得外部及内部出现无数尺度不一的边缘空间，和规则结构中的完整体型形成强烈的对比和回应，这种所谓的解构就是在体型尺度上进行层次化的一种极端尝试。蓝天组和哈迪德对体型的操作也有独特性，他们把建筑空间单元包装成结构单元加以组织，通过错位或者过渡完成建筑的复杂图示匹配，通过视觉"欺骗"形成夸张和奇异的效果。从视觉上看，路易斯·康的伺服单元也是一种体型组织，他在平面关系上用功能单元的差别实现了体型的差异化，在结构主义者的视野里，这种结构差异关系就应该成为建筑外在的图示，展示出建筑内在的逻辑性。

5.2.2.6　独体（integral）的材料尺度

1. 独体尺度的概念

当一个建筑的体型特征确定下来后，就具备了我们所说的建筑物的独体尺度，建筑内的关系就转化为建筑之间的关系，独体尺度意味着所有在超过这个层次上的关系就是建筑物之间的关系。独体意味着结构的独立和材料关系的断裂，如在国家大剧院穹顶内的三个剧场就可以被看作三个独体，尽管通过基座联系在一起并有交通平台沟通。把这三个单体图示转化为一个独体图示会发生内生的矛盾——它们各自的空间规模要求不同，主体结构完全分离，这正是大型多功能剧院设计组织中的难点，由于功能和空间的差异，建筑不能在体型层次上组合起来，或者说很难找到一个图示把三个结构和功能断裂的元素组织在一起，也就无法实现视觉的完形。（图5-13）

2. 独体尺度的特征

设计者保罗·安德鲁用层次嵌套巧妙地解决了这个问题，他把一个庞大的钢结构壳体覆盖在外部用于视觉完形，在壳体内部三个独体尺度的建造以建筑群的形式组合在一起。由于屏蔽了城市界面对建筑的视觉整体要求，在建筑内部就不必强求视觉图示在城市尺度上的完形，结构和造型困难就迎刃而解。反观当时国内不少竞赛方案，为了把三个独体建造组合起来并在城市界面上完形，在主体确定的基础上使用了很多图示进行匹配尝试，比如乐器、银杏叶片等——这些形式多数富有想象

图5-13　国家大剧院内部不强调体型
的融合与完形，在此空间和
视距内独体以下的层次才是
展示内容

力并有特定含义，但是在设计中却不得不面对形式完形（画其所见）和建造功能（画其所知）之间的矛盾，而协调矛盾中出现的种种问题给评价标准带来了困惑，很难自圆其说。这就是一个用层次化建造解决形式矛盾的例证，尽管巨大的结构外壳带来了工程上的难度和资金的浪费，但是用当代材料层次的观念摆脱旧的图示匹配过程的手法是创造性的。

3. 独体尺度的完形

建筑在独体尺度上具有更高的形式自由度，因为建筑在三个维度上都具有发展的自由，同时可以调整独体尺度以下各级的尺度。通过减少或者增加层次，使建筑的第四维度——内在复杂度满足材料性能的要求。与国家大剧院的简化层次相比，20 世纪的另一个著名剧院——悉尼歌剧院，其建造过程经历了辗转反复，凸显了在科技高速发展中材料层次化给设计带来的困惑。悉尼歌剧院与国家大剧院不同，其主体结构外壳覆盖了两个主要剧场，因此可以算作一个独体建造。设计者伍重没有深刻把握到材料层次化的原则和当时的技术水平。如此大尺度的建筑仅靠钢筋混凝土壳体单层次（网络建造、表皮尺度）建造是不现实的，他过早确定了设计图示（白帆贝壳），没有按照先建造再匹配的原则进行完形，因此在建造过程中不得不增加建造的层次，整个建筑逐渐由"壳"向"肋"转化，在反复的修正中，最终建造成为由多层次肋架拱支撑的外覆板结构（图 5-14），具有鲜明的网络建造特征，这也反映了 20 世纪 70 年代层次化建造在工业技术推动下的进步。

独体是建筑层次性的最高阶段，有独立的建构方式和层次体系，并通过共同的要素联系在一起。超过独体建造的层次属于城市规划的范畴。规划的形态与自然界的图式具有惊人的相似性，一直延伸到与自然衔接。在人工与非人工之间也许没有绝对的界限，都是自然的涌现，正像海德格尔所说，"技术"既不是艺术，也不是手工艺，而是以这样或那样的方式让某物作为此物或彼物进入到在场者中显现出来。

5.2.3　视觉尺度的匹配

本书中反复强调的图示实际上是一种关系。当设计者创作一件工艺品或者一幅绘画作品的时候，需求已经决定了作品

图 5-14　悉尼歌剧院肋架拱细部

图 5-15　贡布里希《艺术与错觉》插图

图 5-16　日本龙安寺前庭中山石的组织

的基本形式，如一个咖啡杯或者一个人像，而在完形的过程中，设计者需要在自己的图示库中寻求支持。对艺术设计而言，图示表现既需要清晰的逻辑，也需要独特的形式，但最重要的是我们必须知道在什么层面把形式代入作品中。达·芬奇曾经做出了一系列的鼻子，鼻子轮廓体现的关系能对应不同类型人物的特征和个性，如图 5-15 所示。很显然，作者使用这张图不是为了匹配人的姿态，而是为了在神态这个层面组织作品。建筑图示是无数次实验和计算后的结果，是特定尺度的呈现。形式对艺术的要求是以视觉上的尺度为依据的。设定建造尺度时必须理解建筑需要在哪个层次完形，如何在层次之间进行组织。因此，当我们说质感、肌理、凹凸、体形、组合这些不同层次的图示的时候，不能把它们的意义局限于具体的材料，在形式匹配的过程中可以使用我们脑海中的图示以任何尺度进行组织。

　　日本京都龙安寺前庭中有 15 块石头，形成一个著名的格式塔完形布局，匠师相阿弥把石头分组安置，3 块以上石头以奇数组群，如 3、5、7。可以通过两块小石头紧密相依而与大石头疏远的方式形成对峙的力场，在视觉上获得平衡。这样的图示可以在 3~15 个单元的组织中进行匹配，无论是景观庭院中的植物配置，还是别墅区群落的组织，只要在大小和距离的关系上应用了图示结构，匹配就能获得成功。（图 5-16）

　　图示在不同的建筑尺度中呈现不是按照其固有的大小，而是按照结构和关系的相似性。古希腊人喜爱光洁整齐的墙面，这能让希腊建筑的柱廊通过阴影关系形成结构明晰的图示，因此他们不会接受罗马砖墙那种凸凹不平的材质肌理，因为在他们的神庙建造中这种尺度没有意义。然而这并不意味希腊建筑中没有肌理的图示，从雅典卫城向下望，精致的希腊小体量住宅相互紧密依靠，其形体之间的关系简直就是古罗马的砖墙再现。因此肌理特定的内在含义并不是与砖联系在一起的，砖有肌理，城市也有肌理。

在汉语词典中，肌理表示面的内部大小不同、方向不同、形状不同、密度不同、明度不同的点、线或形状有规律或无规律地排列与组合产生的视觉效果。只要存在三维尺度变化远远小于二维尺度的连续的面状图示，心理就会把它定义为肌理。人们无法准确定义多大范围的连续图示能形成肌理，但是这个量级储存在人们的眼睛和头脑里，肌理的图示特征是人们从自然中提取的，从蜜蜂巢中可以看到六角形，在潮水退去的乱石滩上可以看到椭圆形，在织物中可以看到菱形的格网，当罗马的建筑出现了砖砌筑墙体的时候，这些图示自然被纳入匹配的过程，图示内在关系的一致性就是形式完形的基础。

因此，建筑师需要把材料纳入尺度的视野，当表面尺度不能转化为表皮尺度的时候，质感也就不能转化为肌理，没有材料尺度在层次上的变化，建筑就无法表现如此丰富的图示。

5.3 模度与古典建筑

5.3.1 模数的序列

《比例：科学·哲学·建筑》一书阐述了 20 世纪早期人们对形式秩序的态度。如同沃林格在《抽象与移情》中指出的，一种态度将外部世界看成本质有序的、可理解的和仁慈的，另一种态度将它看成混乱的、不可预测的和带有威胁的。对于前者而言，我们可以融入自然，并在认同客体的时候依照自己的形式改变它，实现自然的人格化；对于后者而言，自然与我们是对立的，认识这种行为在感知外部世界的过程中，也需要利用我们的心智，真理是物质与心智的一致。这种对立反映了经验主义和理性主义在 20 世纪建筑学的形式上的分歧。

柯布西耶认为，建筑的形式处于一种宇宙的秩序支配之下，坚信统一自然和艺术的数学规律，这种观念从古希腊时代开始一直延续到文艺复兴时期。而塑性数的创造者范·德·拉恩则怀疑这种宇宙规则的普遍性，与移情相反，他认为创作是把理性投射到一件艺术品中，艺术品反过来引起进一步的理性化、抽象化，心智与其产物之间的往复运动开始于产物，而不是心智。实际上二者在实践中都不可能坚持纯粹的立场，理性主义者需要对不同的对象秩序做不同层次的阐述，而经验主义者则在无限的自然界中构建他自己人为确定的世界，并得出结论，这种微小的人造世界是自然进程的必然结果。因此，无论是柯布西耶还是范·德·拉恩都必须为他们自己的建构提出一个框架，在这个框架里，事物才得以确定他们的关系。

正如范·德·拉恩所言，"上帝使事物无限小、无限大及无限多，但他并未允许我们去寻找宇宙的限度（在寻找中），我们能做的就是，从自然呈现于我们面前的度量混沌中提取我们自己的准绳（即塑性数的七种准则），我们就能够模仿上帝度量其造物的方式，来度量我们所造之物"[13]。柯布西耶和范·德·拉恩各自有自己的准绳体系，柯布西耶的作品是《模度》，模度的序列是对古典比例序列的深化，他延续了黄金分割在比例系列中的应用。与古典模数相比，他以人体尺度为核心的尺度序列是可以无限扩张和缩小的，这样，技术发展带来的新的尺度——最小混凝土截面，以及钢管、窗框等更小的构件就可以纳入图示体系中来。其实早在奥古斯都·佩罗那里，就采用了更小的标准尺寸，他用1/3柱直径作为模数来应对古典基础上衍生的复杂变化，只有缩小了模数才能在视觉上把建造中发展的种种不同尺度要素统一起来。

红蓝尺模度来自古典美学，它提供了一个在人体尺度基础上的连续数列，由于这个数列具有自相似性并具有足够的复杂度，可以创造一个包含各种比例的网格。但人的身体具有适应性，如此精确的数值并非单纯为了功能，与其说是为了人的身体设置，不如说是为了人的眼睛设置。在数列生成的体系内，尺寸都存在内在相关关系，按照完形心理学的实验，完全不理解数列内在规律的人却能在感知后获得完形，并得到心理的舒适和愉悦。（图5-17）但从心理学角度，鲁道夫·阿恩海姆指出这个序列不完全符合视觉的特点：为了使比例体系有效地作为将整个结构合在一起的方式，观察者的眼睛必须受到从较小单元到较大单元的逐步引导。柯布西耶的体系缺乏这些层次。理查德·帕多万则将他的连续性数值范围分解为连贯的尺寸的各个等级。他把柯布西耶的模度序列整理后分为三段，分别对应了厘米级、米级、十米级，同一序列内部比例不超过1/15。

与这个观点类似，范·德·拉恩的塑性数序列也是基于人类识别和比较，他也发现人类的认识在大和小之间无法直接取得协调，他认为相差50倍的两个事物之间在视觉上就已经不具备连续性。因此，他用卵石做实验，把大小分为尺寸类型和尺寸等级两个概念，在相同的尺寸类型中数字差异很小，不存在比例问题，而在同一尺寸等级中，尺寸类型的比较就成为比例问题，超过尺寸等级的事物，就转化为尺度的层级。他对事物认识的临界点进行了分析，认为塑性数应用是有局限的，但是由尺寸等级到尺度序列符合我们认识的方式，尺度序列不是一种均匀连续的变化，也不符合建造尺度阶梯变化的形式。实际上，柯布西耶在他的模度体系中也发展了序列的概

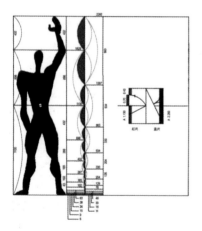

图5-17　柯布西耶用于标度尺度序列的红蓝尺

念，他用 1.83 米做单位（megan），并用这个身高转换为对数 almegan，这样大到银河的直径（100 almegan）小到光的波长（–31 almegan），自然中最大到最小的尺度都可以形成直观的序列，共有 131 个模度级别。

　　从黄金分割和斐波那契数列到柯布的 almegan 以及塑性数，秩序的图示并不是人类认识的终结，爱因斯坦说：头脑通过它的选择能力已经将自然的进程纳入一个主要由它自己选定的框架或者模式中，在这一规律体系发现的过程中，头脑被看作从自然重新获取它已经置之于自然的事物。说到底，这些模式或者图示只不过是我们自己创造出来解释自然的，并为我们的创造物找到一个理由，因此它们必然随着我们的认识不断改变。总之，尺度的序列是为视觉和建造两个层面服务的图示，一旦确立了以序列为核心的图示，建造的尺度就很容易建立视觉上的协调关系，正如爱因斯坦对柯布西耶《模度》一书的评价——"使糟糕的困难、优秀的容易"。设计就成为一种有章可循的行为。从柯布西耶和范·德·拉恩的研究中不难看出：现代建筑的尺度序列在人体尺度区间基础上同时向大和小两个层级方向发展，同时这个序列不是连续的，呈现出近似分形的指数规则。

5.3.2　从雅典神庙到万神庙——希腊到罗马的转换

　　希腊神庙的建筑最初是贵族居住的门廊建筑。他们的神庙和住宅是同构的，这种相似性不仅仅来自他们对神和人界限的混淆。实际上，希腊的建筑图示来自木结构，木结构通过层次化完善了自己的尺度以后，由于当时技术的限制，石材却不能复制这种层级。以雅典神庙为例，从剖面可以看出石材部分并没有材料的层级，仅仅是梁柱结合的层次，其建造层级与更早的埃及、迈锡尼文化本质上是一致的——柱子之间以及柱子和墙体之间形成狭小的开间。按照柱式的原则，维特鲁威在《建筑十书》中强调古典神庙中二又四分之一柱径是理想的间距，当时标准尺度的神庙，超过 3 倍柱距就接近石质过梁的承载限度，大跨度的端柱式立面不得不采用木质过梁。这不是一个简单的比例问题，即使柱直径增加，相应的跨度也存在上限，我们前文已经计算过，结构自重与跨度并非线性关系，所以希腊建筑不能按比例无限放大。这也就意味着古典比例不是永恒的概念，它只是一个技术的记号，材料的层级使用才是造成尺度序列的原因。

　　从希腊到罗马，建筑的形式变化不仅仅是材料改换的结果，因为就材料性质而言，石材和砖、混凝土是近似一致的。罗马建筑的本质特征是改变了材料的层次和连接方式，拱的实质是石材破碎后按照力学路径重组，从而实现材料的最优利用，如果把拱看作用整石雕刻出来的构件，就会发现是力流决定了拱的形式，材料的层次化只是让这种建造在技术上成为可能。但是拱最大的问题是侧推力，以至最外侧不得不用沉重的结构进行支撑。通过砖石材料的分解再组合，罗马建筑得以实现体型→构件→节点三个层次的拓展。在同一历史时期，中国建筑的木结构也实现了栋宇→举架→斗拱的层次变化。然而罗马建筑的材料层次化没有停留在这个尺度上，在万神庙中我们可以看到更多的层次，万神庙内部空间高度达到了 43 米，巨大尺度带来的自重由一套精致的结构体系支撑：其一，支撑结构的是 8 根巨大的石柱，上部的重量是通过大跨度的主拱券和嵌套的小型减压拱共同实现的，这样仅仅在侧壁的拱结构中就已经出现了两个层次，墙体构件已经实现了层次化，反映了力的复杂

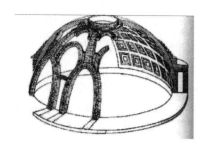

图 5-18 万神庙结构中多层次的主拱
加减压拱体系

传递关系，只不过这些结构被延伸至拱脚的天花遮盖了；其二，整个穹顶五圈藻井实现了多个维度的层次化，各圈藻井从顶到底，按照直径的减缩相应减小尺度和深度，每个藻井方形内部还有三重截面的缩减。这样建筑就实现了构件层次的发展和表皮层次的发展，如果没有材料的层次化建构，石结构形式只能停留在希腊的柱列时代。（图 5-18）

从视觉完形的角度看，罗马人最早从伊达拉里亚人那里学习拱券时并没有找到完善的形式，由于没有鲜明的层次，罗马的拱券呈现为体型→表面的直接过渡。在特定观察距离内，视场内缺乏有效的形式信息，形形色色的拱墩和墙体轮廓虽然在表皮上材料一致，但缺乏协调的关系。在此基础上，罗马人用希腊的构件尺度改良了拱券的形式，由于内部不受侧推，罗马建筑的十字拱支柱具有与希腊建筑的柱子基本相同的功能，因此可以直接把希腊柱式体系引进来，在建筑外部，由于拱端推力造成了建筑厚重的形象，柱式转化为装饰形式出现。这样，以母度为单位的希腊建筑竖向尺度体系就被引入了罗马建筑，与罗马拱券的横向体系结合在一起，形成了一套双重尺度的序列：一重尺度用于丰富视觉尺度，另一重尺度用于再现结构的层次关系。在一个标准的罗马拱里，拱高一般用拱宽来量度，而柱式则通过拱墩与系统发生联系，尺度嵌套的券柱式图示就这样形成了。

层次化会引起风格的差异，罗马建筑轻巧的结构造成了建筑雕塑感的丧失，拱自身在二维展开，减小了第三维深度，同时相对于建筑构件体量的减小也让建筑的凸凹感减弱。因此，罗马建筑中有一种立面主义的趋向，让我们认识了罗马政治和社会建筑关系的核心。在一个行踪自由自在的观察者眼里，古希腊建筑物是一种独自站立的三维形式，而罗马建筑物往往引导参观者直面有强烈倾向性的建筑图像，而不是去观察一个独立的三维物体，因此参观者无法自由选取视角，只能沿着建筑物的轴线，在宏大的建筑结构之中前行[14]。这个结论把罗马建筑的立面化归咎于文化的影响，但实际上墙体层次化的建造才是建筑图示变化的原因——罗马建筑用"面"代替了希腊建筑的"体"。罗马的斗兽场和剧院作为叠层建筑，其体型是向上发展的，相应的视觉图示——叠柱式也体现了视觉完形的手法，从建筑的下部到上部，罗马人使用越来越轻巧的柱式，而在顶层则采用了浅壁柱或者无壁柱的墙体。所谓的轻和重实际上是构件尺度相对于建筑体凸凹的程度变化带来的"深度"差异。人的眼睛并不排斥这种"墙上柱下"的反结构逻辑现象，因为视觉是以完形的方式判断事物的整体形象的，顶部本该沉重的墙体，由于柱子阴影微弱，洞口减少，视觉信息密度由此降低，实现了视觉和心理的和谐。（图 5-19）

图 5-19　罗马斗兽场多层次视觉表达

5.3.3　从圣索菲亚教堂到沙特尔主教堂——拜占庭与哥特的秩序

查士丁尼皇帝在 532—537 年之间建造的圣索菲亚教堂占地 250 英尺（约 76.2 米）见方，核心空间跨度达到 30.48 米（没有超过万神庙），加上外侧的半穹隆结构，长度接近 60 米。这座建筑在两个层面实现了层次化：首先，在东西端的半穹隆都安置在三个更次一级的穹顶结构上，因此形成了多层次的建构；其次，顶部的大穹顶也采用了肋架结构的分层形式。

这座大的建筑没有采用混凝土及减压拱这些技术手段，因此结构承受了巨大的考验。建筑在东西向采用穹隆做支撑，虽然轻巧但非常稳固，在南北方向采用加强的筒形拱做支撑，虽然从立面上看巨大厚重的扶壁给人以稳固的感受，但它不能控制穹隆在南北方向的摇摆，历史上中央穹顶曾经多次因此崩塌。但是，建造逻辑上的层次与视觉层次的图形匹配不能混为一谈，对于圣索菲亚教堂来说，南北向巨大的筒形拱和壁柱的组合在视觉上更加完整，无论对于室内还是室外，庞大的拱形轮廓和窗户的分布呈现出一种视觉的明晰，相反，东西两端的视觉完整性被层次套叠的半穹破坏了，它们的大小、高度甚至方向都不一致，很难从它们中间得到清晰的比例关系，大穹顶和小穹顶体量的复杂组合使人对建筑的实际大小产生困惑。通过室内的墙体分隔以及装饰，这种情况在建筑内部得到了缓解，尽管如此，阿恩海姆在研究空间形式的视觉实验中，面对教堂内部的塑料模型还是感到吃惊：作为一个实体，它是如此笨拙的一个球茎形式，心智健全的建筑师都不会构思出这个主体。（图 5-20）产生不和谐的原因是，南北两侧的空间与中央空间有清晰的逻辑关系，东西向却使用了多层次的穹顶结构。尽管建筑已经表现出层次化，东西端的体型也符合力流的

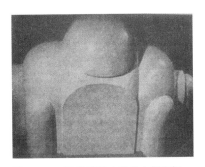

图 5-20　圣索菲亚大教堂内部空间模型

路线，但是两个方向不同层级的建造在视觉尺度上没有形成完美的匹配。

从结构的逻辑性也可以得到结论，同比例加大的壁柱难以抗拒拱顶尺度的扩展，因为壁柱的抵抗力来自内部的摩擦力，与平面截面积有关，而加大的穹顶自重是立方递增的。小体量的拜占庭帆拱建筑只要采用一个层级的穹隆就可以满足结构的要求，但对于圣索菲亚教堂的极限尺度，形式匹配就遭遇了困境。建筑形式绝非理性主义者所理解的那样，是一种材料的必然的呈现，它需要人类根据自己的视觉按照心理图示对结构进行完形，如此反复，直至在"形和构"之间达成协调，这也正是建筑师的工作。认为建筑风格是一种偏好的发展也是没有依据的，李格尔提出的艺术意志其实是在历史和技术局限下产生的，并不是人类自由的表达，是在无可选择中呈现出来的。只有技术停滞以后，材料在外部条件封闭的情况下才会成为稳定的构型并发展为风格。

哥特式教堂在材料层级关系上更进一步，典型哥特式建筑（如沙特尔主教堂）至少在两个方面对材料的尺度进行了深化。首先，为了抵抗侧推力，屋顶和柱子分化为肋拱（这个生物性的比喻暗指肋骨在人体骨架中的作用，实际上，肋拱就是拱），在一个长方形开间中一般有三对，分别沿着长短向和交叉向布置，交叉的肋拱把整个屋顶体系转变为框架，它覆盖了拱顶上所有的边缘线和主要折线。这种结构受力路线清晰，围护材料分离，与罗马风格的沉重十字拱体系相比非常轻巧。其次，哥特式建筑的构件也进行了分化，支撑结构由扶壁柱转化为飞扶壁，沉重的扶壁柱经历了由柱转墙再由墙转券的过程，材料的断面也呈现了由面到线最后到点的变换。

同样层次的部分，部分当中的部分，统统按照其所在的层次，排列组合形成一个完整的体系，这一点在建筑结构方面那些统一的局部，局部的局部，都一目了然地呈现出来。这种同源性的结果与经院哲学名著中那些井井有条的逻辑关系是一致的。哥特式建筑强调每件事物的独特性和演绎推理。我们可以清楚地分辨出这些元素是什么，哪一个属于哪一组。这种关系称为"建筑元素相互性有着对彼此的认知"。正是这种不断深入划分的（或者反过来，从最小的层次不断叠加）的原则形成了哥特式建筑形式上的完整而不仅仅是结构的逻辑完整[15]。哥特式建筑在技术上与罗马风格紧密衔接，在形式上并没有绝对区分。但是从材料角度看，层次化是其风格成形的关键要素，从结构上说，哥特式建筑通过改善力的传递路径解决了侧推的问题，最关键的是，所有构件的截面，从飞扶壁到肋架拱都被控制在一个近似的尺度区间内，尤其是在建筑内部，实现了视觉上的一致性。哥特式建筑的柱子尺度本来是超过肋拱的，但是从视觉出发，柱子被分成花瓣状与肋拱完美衔接，这种构件尺度的形式操作，是为了达到视觉完形而进行的匹配，让人们在心理上把拱、柱甚至飞扶壁纳入一个完整的格式塔。（图5-21）

如果和模数研究中1/50的视觉比例差距结合起来，我们就会发现，在哥特式建筑中，除了肋架、扶壁，其他要素都被排除在这个尺度序列之外，因此形式显得非常纯净。彩色玻璃的使用加强了这个特点，玻璃图案精细的尺度反映了玻璃技术的局限性，同时也是视觉尺度控制的结果。精心选择的尺度序列同整个空间协调同时也不缺少细节，图示的完善程度与拜占庭建筑中混乱的结构体系和尺度差异形成了鲜明对照，在哥特式建筑的形成中，我们可以清晰地看到图示制作和再现的过程。

5.3.4 从哥特回到雅典——帕拉第奥母题的形式匹配

从哥特风格到文艺复兴的转换是一个庞大的议题，既包括人文主义对世俗的向往，也有王权和教会的斗争，实质上是政治和社会问题在文化上的投射。文艺复兴对建筑产生了深刻的影响，但如果把这种影响看作一种技术革命就未免夸大其词了，实际上当时建筑师最大的课题之一是解决再现的问题，也就是传统的古典形式如何附加在难以呼应的材料尺度之上。

意大利人文主义学者巴尔巴洛的观点反映了帕拉第奥的设计理念：形式是理性付诸实施的结果，也就是实际应用的比例，素材纯粹是一种存在，建筑是根据理性——也就是根据比例——对素材进行组织的。帕拉第奥看到材料的不足，认为材料常常不能和艺术的需要一致，因此材料是从属于形式的[16]。从他的理念中似乎看到纯粹的形式主义和理性主义的影子，但实际上他所说的材料真实性已经蕴含在比例中，这个比例是指材料在制作中确定下来的一系列尺度规则，建筑师可以按照比例的图示进行匹配并实现完形。相对于形式的发展，材料和技术的进步是缓慢的、周期性的，并非所有建筑都要做底层的形式还原，建筑师可以在特定的序列中组织形式，在这个环节中，不一定每一次都需要强调材料和形式的直接关系。同哥特时代相比，文艺复兴时期在材料使用及构造方式上都没有根本性的突破，但与罗马时代已经大为不同。有人认为帕拉第奥只是模仿维特鲁威的各种柱式并奉之为金科玉律，但实际上帕拉第奥深刻理解比例和尺度的重要意义，在古典图示和尺度现实之间取得了平衡。在维琴察巴西利卡的改造中，他创造了著名的帕拉第奥的母题。

维琴察巴西利卡并非一座新建筑，这座中世纪式样的大厅原来是一座哥特式的市场建筑，外廊开间宽 7 米左右，层高 8.66 米。帕拉第奥本来想在每个开间加一个古典圆券，但开间的长宽比并不适合古典的券柱式传统构图，同时开间也体现了哥特式建筑尖拱的尺度特征，没有均一的尺寸。（图 5-22）帕拉第奥的改造方法是在每个开间中央按古典比例做一个拱券，券脚下有两根独立的小柱子。小柱子和开间中的大柱子相距 1 米左右，并在上面加上额枋。这样就把过宽的开间分成了对称的三个部分。这个整体的横向三段构图结合两个尺度

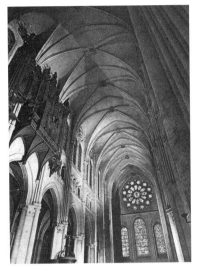

图 5-21 沙特尔主教堂的尺度序列

图 5-22 维琴察巴西利卡

的柱子和拱券及圆洞，虚实均衡，穿插错落。两个层级的柱式样形象完整，外部方形的开间由大柱子和檐壁勾勒，内部圆拱嵌套其中，小柱子在深度方向成对设置因此并不显得单薄。这种双尺度的构图是柱式构图的创新。他利用小券保持整体分割的统一，同时利用剩余的空隙来调节柱跨不等的矛盾。对帕拉第奥来说，最重要的是尺度的协调，他通过确定基本的模数尺度，用分形的方法让古典建筑的内在比例关系融合到哥特式建筑的尺度序列中去。他认为应该以一种建筑各部分相互协调的方式，将大房间与中房间并置，将中房间与小房间并置，使建筑全身各部件都有一种恰当性，使其在整体上优美端庄。无论在立面还是在平面上，他都非常善于使用统一的模度控制建筑，将其他建筑师用于二维立面或单一房间的比例关系运用到整个建筑中，使所有房间都符合比例关系，表面上看起来帕拉第奥只是将古典的图示组织到有一组复杂开间的建筑中去，实际上却是用哥特的逻辑讲述罗马的故事，因此建造不可能忠实于罗马的尺度，内在的逻辑把建造尺度显露出来，让这个改造不可避免地在哥特的模数序列中进行。

在母题的图示中，帕拉第奥使用视觉完形的手法进行操作，图和底之间的关系、组合的原则都得到巧妙运用。拱肩部的两个圆洞是一个重要的形式命题，本来拱肩位置正是承受侧压力的位置，这个形式无法用受力关系解释，但是从知觉力的角度却是非常必要的。视知觉研究认为，心理平衡不同于物理平衡，在一个场景中的事物都有自己的视觉影响力，当它们自身形状完善的时候，知觉力形成的强烈的场就会把其他部分排除出去。帕拉第奥的三联券构造是如此完整，在这个开间内剩下的区域就形成一个非常怪异的形状，不安定的形式与下部拱券的完形产生强烈反差，因此必须放置圆洞打破原有的形式独立性，在不干扰下部形式的前提下，把拱肩部分转化为以圆洞为核心的图示，使得整个图形稳定下来，减小了视觉反差。（图5-23）

由此，把所有形式都指向材料的真实性是荒谬的，材料在这里没有什么绝对的真实，形式匹配也不是个人的奇思妙想，而是尺度体系之间的对话。艺术形式的原则告诉我们，形式生成和图示表达是两个衔接的环节，是反复交替的。总之，

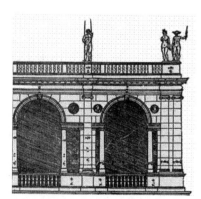

图 5-23　帕拉第奥母题的比例协调方式

形式生成是物质的、科学的。完形是人为的、知觉的。建造、建构和结构之间的关系，正如爱德华·赛克勒所说，"结构通过建造得以实现，并通过建构获得视觉表现"[17]。帕拉第奥母题对于我们理解形式具有深刻意义，在一个特定的阶段，设计就是在不同尺度的体系里重新完成格式塔的过程，表面上相同的材料却可以蕴含不同的尺度，看到今天仿古柱子内部的钢龙骨就可以发现，尽管可以坚持用古典图示把材料的进步掩盖起来，但在完成图示的过程中还是不得不面对层次化的建造。

小结

　　模数制是为材料加工和施工便利建立起来的制度，那种均等的工业模数体系只服务于工业制造。柯布西耶以及范·德·拉恩从不同角度对数字序列做了精细的推演，这说明建筑师在模度选择上最关注的问题绝不只是建造本身，也不仅是人体的功能适应性。模度的确定有两个重点：首先，尺度序列必须对应当时的材料建造方式和工艺水平；其次，建筑师必须在繁杂的尺度序列中选取利于视觉表达的层级加以组织。

　　通过本章对古典建造的回顾可以看到，历史中建筑形式的确立就是应对技术（工艺）尺度变化并重建视觉和谐的过程，当然，也可以从主观上把它理解为在视觉基础上的技术拓展。但无论从哪个角度看，材料处理或者说工艺的发展都是客观存在的，并通过一个较长的历史时期表现出它的个性和延续性。随着建筑体量的扩大和建筑工艺的进步，建筑的材料尺度必然越来越小，这个规律可以通过自然界的规律印证。不同生物在运动中需要的作用力的差异导致它们进化出不同的足部微结构。其层级随着体形增大呈现更加精细、多层级的变化，且呈现出一种指数规律。这与前文的尺度序列表现出了一致性[18]。（图 5-24）

　　如果把前文说的层次罗列出来，我们就可以得到如下的图示：我们假定同样的建筑体量被切割为不同的体块，从独体不做切割一直到表面的层次（表面不可计数的切割用颜色表示），大致可以理解材料在不同层次建构中表现出来的视觉层次特征。这种分割方式基于建筑的典型材料尺度，不考虑风格和功能要素的影响。可取最大体量为 6 米 × 6 米，以此类推，

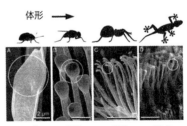

甲虫　苍蝇　蜘蛛　壁虎

图 5-24　不同体形的生物随着尺度变大，其足部结构变得更加复杂

体块分别被切割为 3 米×3 米、1 米×1 米、0.3 米×0.3 米、0.1 米×0.1 米、0.03 米×0.03 米，这个序列大致可以对应建筑的独体→建筑的体型（3 米左右的退台）→建筑构件（1 米左右的柱子）→建筑节点（0.3 米左右的节点，如挑檐等）→建筑表皮（0.1 米左右的建筑凸凹造型）→建筑表面（凸凹突出基准面与建筑表面尺度比极小，如砖缝或者表面绘图，0.03 米以下，相对于 6 米的尺度比很小），这是一个大致以 3 为倍数递减的序列。在古代建筑或者技术不发达时代的建筑中，0.1 米以下的层次大多不是建造的层次，而是一种工艺的层次或者视觉的层次，比如希腊建筑中的线脚，并非层层相叠建造起来的，而是用整石雕刻的；再如哥特式建筑中的束柱，也并非真正地用一组石柱相互连接而成的。只有在现代建筑中，设计者才能把 0.1 米以下的构件通过焊接或者铆接有效地连接起来，实现视觉层次和建造尺度上的一致。因此，古典建筑一般强调构件和体型两个层次的关系，即柱式和形体是最重要的尺度语言序列。本章中尺度比指建造所在层次尺度与整体尺度的比例，若以方块示意，则实际构件在两个向度上都可能存在尺寸差异，但是这种差异在数量级别的控制之下。尺度序列中标志性的指标是视觉要素数量之间的关系（指数关系）及尺度比。

表 5-1 及图 5-25 表示层级序列的基本模式，从序列图表中可以得到一些规律性的结论。

表 5-1　典型建造层次与视觉尺度对应表

视觉尺度	独立	体型	构件	节点	表皮	表面	备注
尺度	6 米	3 米	1 米	0.3 米	0.1 米	0.03 米	
尺度比	1	1/2	1/6	1/20	1/60	1/200	
视觉要素	1	8	64	512	4 096	32 768	二维立面
几何级数	2^0	2^3	2^6	2^9	2^{12}	2^{15}	
建造层次	独体	框架	堆叠	支撑	网络	编织	

第一，表中数列反映了建筑不同层次的建造形成几何级数变化的规律，这和黄金比例数列的发展及柯布的模度是一致的。柯布的模度立足于混凝土制造工艺的尺度，同时注重人体工学的实用要求。（本表并非基于某种特定工艺，仅作模式研究。）

第二，建造技术进步反映在材料的加工和连接水平上，在建筑技术发展过程中，我们可以发现，随着建筑规模的扩大，构件尺度呈现变小的趋势，影响着建筑的比例关系。

第三，视觉尺度识别与实际建造层级并不严格对应，由比例关系决定，当尺度比为 1/2 且有 8 个单元时则必然是体型关系，而尺度比为 1/200 时必然给人以表皮的感受，这是由视觉特征中格式

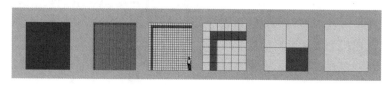

图 5-25　从左至右尺度序列：表面→表皮→节点→构件→体型→独体

塔完形决定的。比如在一个城市规划中，建筑往往表现为表皮尺度，因为单体建筑与城市区域的尺度比远远小于 1/60，这时候城市形态达到了网络层级，而高层建筑区由于某一个向度尺度比较大，就转化为体型尺度。

第四，在不同的序列中，正如范·德·拉恩指出的，超过较大比例的尺度之间将很难被视觉组织在一起，因此人们在观察建筑轮廓及体型的时候往往忽视细部就不足为奇了，或者说，次级的视觉要素是在另一个尺度上实现的。

建造层次和视觉层次并非总是一致的，这样的矛盾在古典建筑向现代建筑的过渡中表现得非常明显。苏夫洛在圣热内维夫教堂中把石头横梁结构后面的扒钉遮挡起来，这种做法备受诟病，因为违反了材料理性。但是铁条出现就是技术发展的必然结果，导致了石材构件尺度减小和更多的层次表现，是不可阻挡的技术潮流，暗示了钢筋混凝土的构造逻辑。建筑发展必然会追求更精细的构件尺度，即使在美学上也没有相应的视觉尺度规则。同样，当建筑增大时，建造尺度不可能随之无限放大，文艺复兴时期宏大的教堂采用古代的柱式形式，但是实际尺度远远超过了历史上的真实，成为一种形式的借用，在这样的情况下米开朗琪罗也不得不使用砖砌筑壁柱并用大理石包砌——和我们今天所做的一样，这样的行为也为洛吉耶所诟病。

综上，在建造过程中会产生不同的层级序列。选择的建造层次越低，建造尺度越小，在形式上表达自由度越高（在更多的视觉要素中组织），但是视觉的明晰度和力度会下降（基准面之间进退关系降低），如图 5-26 所示。当然，建筑师也可以从中做出自己的取舍，通过不同的技术方案，弱化某些层次，同时表现另一些层次。一般来说，建筑师选择的序列都不会涵盖所有层次，而是倾向于选择明晰的序列，这是对视觉心理对不同层次间的知觉体验推敲和比较的结果。

最后我们再次把建筑层次和视觉尺度的对照关系列入表 5-2 中。

表 5-2　建造层次和视觉尺度的对照关系

建造层次	视觉尺度
独体（single）	独立（integral）
框架（frame）	体型（shape）
堆叠（pile）	构件（element）
支撑（brace）	节点（joint）
网络（cyber）	表皮（skin）
编织（weave）	表面（surface）

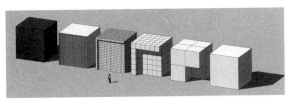

图 5-26　不同尺度下视觉特征（与建造层次呼应）

注释：

［1］http://www.douban.com/note/197952386/?_i=1008993SuU5QuJ.

［2］David Leatherbarrow and Mohsen Mostafavi, *Surface Architecture*（Cambridge：The MIT Press），2005.

［3］恩斯特·马赫：《感觉的分析》，洪谦、唐钺、梁志学译，商务印书馆，1997。

［4］张再林、燕连福：《从经验到体验，现代西方哲学的彻底经验主义走向》，《江海学刊》2010 年第 2 期。

［5］莫里斯·梅洛-庞蒂：《知觉现象学》，姜志辉译，商务印书馆，2001。

［6］鲁道夫·阿恩海姆：《艺术与视知觉》，滕守尧、朱疆源译，四川人民出版社，1998。

［7］鲁道夫·阿恩海姆：《视觉思维》，滕守尧译，四川人民出版社，1998。

［8］何皓亮：《人眼视觉分辨率对于建筑视觉场影响的量化研究》，硕士学位论文，天津大学，2014。

［9］莱昂·巴蒂斯塔·阿尔伯蒂：《建筑论：阿尔伯蒂建筑师十书》，王贵祥译，中国建筑工业出版社，2010。

［10］E. H. 贡布里希：《艺术与错觉》，范景中、林夕、李本正译，浙江摄影出版社，1987。

［11］森佩尔说过：　"如果掩盖在面具之下的实物就是虚假的，或者面具本身就是拙劣的，那么戴上面具也无济于事。要想在建筑艺术创作中能够彻底否定物质——然而这恰恰又是创作中所不可或缺的，那么，完全掌握它则是一个必要的前提。只有当你在技术上可以做到完美无瑕，能够根据材料的性质来明智而恰当地加工，并在创造形式的时候充分地考虑到这些性质，方能把材料忘却，艺术创作才能从物质中获得完全的自由……"

［12］维基百科定义：In general, a node is a localized swelling（a "knot"）or a point of intersection（a vertex）. 通常来说，它是指局部的膨胀（像一个个绳结一样），抑或是一个交会点。

［13］理查德·帕多万：《比例：科学·哲学·建筑》，周玉鹏、刘耀辉译，中国建筑工业出版社，2005。

［14］马文·特拉亨伯格、伊莎贝尔·海曼：《西方建筑史：从远古到后现代（原书第 2 版）》，王贵祥、青锋、周玉鹏等译，机械工业出版社，2011。

［15］欧文·潘诺夫斯基：《哥特建筑与经院哲学：关于中世纪艺术、哲学、宗教之间对应关系的探讨》，吴家琦译，东南大学出版社，2013。

［16］安德烈亚·帕拉第奥：《帕拉第奥建筑四书》，李路珂、郑文博译，中国建筑工业出版社，2015。

［17］爱德华·F.塞克勒：《结构，建造，建构》，凌琳译，《时代建筑》2009 年第 2 期。

［18］Wei-Lun, Bin Jiang and Peng Jiang, "Bioinspired Self-Cleaning Antireflection Coatings," *Advanced Materials* 20, no.20（2008）：3914-3918.

第6章 材料视野中的当代建筑

"……先锋建筑的继承者过度关注形式创新而不是探索技术转换的过程，其实只有技术转换才能够让他们采用新方法建构，现代建筑由于对新信息爆炸的忽视而逐渐失去了生命力。"[1]

——马丁·泡利

形式创新无法摆脱现代建筑形式体系的束缚，这并非由于现代建筑是一种终极的完美形式，根本原因在于材料和建造工艺的进步仍未显现。一个世纪以来，在尺度上我们并没有获得从工业制造到建筑建造的新进展，当前的材料和技术体系在20世纪初就近乎完备了。这也是造成当代建筑形式贫乏和沿袭、仿效现象频发的原因之一。

建筑形式的新发展必须从新的材料和信息呈现中寻找出路。近些年来，这些探索也在进行当中，尤其是欧洲和日本的一些建筑师群体在新材料及建造尺度创新方面进行了有价值、有创意的尝试。建造技术的进步令人瞩目，以增材制造为特点的新工艺已经催生了新的建造方式——3D打印。虽然当代建筑在实用建造技术方面并没有实质性进步，但其形式的发展已经走到了建造技术的前面。建筑师们从科学的进步——尤其是计算机和理论科学发展中获得了形式方面的新视野和表达手段，并急于将这些形式代入建筑中去，产生了一种用当代技术模拟未来形式的潮流。以库哈斯、哈迪德等人在形式方面的创新为代表，以非线性和巨型尺度为特征的建筑实践已经在建筑领域泛滥，然而使用当代建造技术，以"模拟"的方式建造这些超前形式显得捉襟见肘，造成了惊人的成本和施工难度。尽管如此，这种设计趋向已经表明未来建筑会呈现一种更精密的材料尺度。

《人类简史》阐明了一个命题："工业革命的核心，其实就是能源转换的革命。"形式革命的动力来自能量等级的飞跃。在能源转换的革命中，新的材料转换了存在和联系的方式，必须以新的方式表达。整个社会所有产品的形式都表现出材料尺度的变化，无论服装、陶瓷，还是汽车、轮船等涉及制造业和工业美术的门类。当代的材料更轻、更薄、更自由、更坚固。按照"建筑涌现"的观点，能量密度的提升必然带来建筑信息密度的变化，因此对于建筑师来说，他们的目的不是创造未知的形式，而是提供一种有效的观看方式。

6.1 现代建筑的尺度序列

6.1.1 路易斯·康的尺度和层次

人们对路易斯·康的作品有多种解读，他的设计理念在他自己"诗意"的解释下也呈现出多元性。他钟爱古典形式秩序，对理想的几何形式抱有偏执的态度，同时他拒绝现代主义空间的连续性和流动性，他常常在作品中塑造明确的轴线系统，有人甚至因此把康的风格称为新古典主义。但实际上康拒绝纳入一种特定的形式主义，他只谈形式生成的原则而拒绝描述形式本身，康提出建筑的起点是"存在意念"，学校、街道和绿地分别对应学习、聚集和健康的意念，可他并不是一个功能主义者，他的学校、街道和绿地并不是根据功能被赋予特定形式的。康的哲学与叔本华的直觉论和胡塞尔的现象学一脉相承，他的形式独立于古典主义的形式体系，同时也不融入现代风格。实际上，在他的作品中，结构和功能的层次与视觉的尺度序列是统一的，并以一种"巨构"的方式表现出来。

康在早期设计中追求建造的逻辑性，受到了风靡一时的富勒建造体系的影响，他试图用一种均质的小锥形单元组成结构体系，还尝试采用钢管而不是钢条焊接作为节点。在费城的城市之塔方案当中这些观念得到夸张的表现，这些超前的想法可以归纳为网络尺度的建造。如果延续下去，康的作品也许会呈现出奈尔维或者高迪那样的设计风格，按照构件尺度极小化的原则，材料终将从三维空间转化为二维的网络，建筑形体不可避免会出现悬链线那样力线的形式。然而康的助手安妮·唐对他的设计理念产生了影响，她对仿生的理解使康认识到自然形式不是均质的而是层级的存在。他的设计开始由均质建造转向使用筒状结构的层次建造，他的建筑看似砖的单一堆叠，实质上却是巨型梁体和空心筒体的大尺度交接，他没有因为材料使用效率而完全服从力学的形式。在哥特的理智与古典的理性之间，他选择了一种平衡的方式。

康在罗马的经历也让他从古典建筑的多层次拱券中得到了启发，他从一开始就深刻理解当代材料要走向尺度缩减和层次增加的趋势，"哥特时代，建筑师用实心石建造房屋。现在，我们可以用空心石。结构构件所确定的空间与构件本身同等重要。这些空间的尺度小至绝热板中的空隙，大到使空气、光和热得以流动的空隙，再大则到人们可以走动和居住的空间。人们在一个结构物的设计中积极表现空隙的愿望可见之于对发展空间框架的越来越大的兴趣和成果。"[2] 这个思路必然把他引向了罗马建筑，万神庙打动他的不仅仅是简单纯净的空间，还有这个空间背后的建造秩序。正如前文所述，万神庙是一个划时代的层次建造，类似于小房间的大壁龛和壁龛拱上隐藏在天花板后的减压拱才是这个建筑形式的真正内涵。

屈灵顿犹太人社区中心更衣室项目是一个里程碑式的节点，在此之后康认为自己发现了建筑应有的秩序，他说："如果世人认识我因为理查德医学实验楼，我认识我自己就是因为犹太人社区中心更衣室。"（图6-1）更衣室的重要性在于康通过这次尝试创建了自己的模式。古典建筑用厚重的墙体支撑是应对侧推力的无奈之举，在钢筋混凝土通过钢筋的拉力解决了侧推问题之后，空心的砖石结构成为材料层次化的必然选择。康的建筑中出现了两种尺度的形式要素：在功能上，一套是伺服空间，另一套是主体空间；在结构上，一套是高长细比的支撑体系，另一套是支撑体系之间的核心体系。伺服空间一般用于安置设备管道水暖电、楼梯电梯等辅助设施，主体空间则是开敞的公共活动空间，比如中厅或者礼堂。他没有采用柯布西耶和密斯的均质建构方式，而是运用两种层次的建造进行嵌套。这种空心结构既是一种建造方式，也代表了康的层次理念或者哲学，他的服务筒像膨胀的柱子一样容纳了设备或者交通功能。在拓扑关系的图示中，康的建筑与古典的教堂是同构的，只是由于材料截面在技术的作用下缩减，庞大的结构部分被挖空了。（图6-2）康的原则是："为了用经济的方式获得更大的作用力，更好的结构选择是一种将材料在剖面上远离重力的传递中心的新的'管状'形式，这样，力越大内部重要性就越大。"[3] 这个从材料使用逻辑中得到的结论贯穿了他的设计理念，他把材料沿着构件的中心用层次方法发散开来，柱变成了筒，梁变成了盒。

最重要的是，路易斯·康把这个序列——或者说秩序的清晰表达看得和力的传递关系一样重要。因此，在理查德医学实验楼中，虽然核心空间巨大的屋盖是由一组巨柱承托的，但是他还是把周边的服务性筒体和巨柱巧妙地连接在一起，在视觉上造成外部筒体支撑了中间巨大的空间的假象。按照视觉的尺度序列，康的典型尺度序列比我们先面的参考序列表放大了约5倍（以理查德医学实验楼为例），可以概括为0.5米厚的墙体围合成尺寸为5~8米的空心构件，再支撑一个尺寸为15~30

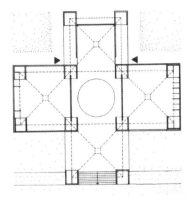

图6-1 不同尺度下视觉特征（与建造层次呼应）

图6-2 理查德医学实验楼（服务性筒体对建筑主体部分表现出支撑的形象）

米的无柱的大型核心空间。在这个序列中，节点被层次化的构造方式消解在结构中。由于过大的尺度差异，康放弃了表皮和表面两个建造层次在整个序列中的充分表达。由此我们可以把尺度序列简化为表皮（不表现）：构件：体型：独体 =0.5：5：15：30＝1：10：30：60，构件和体型之间 1：3 的紧密关系让它们成为康的设计语言中的核心要素，康的作品总体现出这种簇群围合、支撑的形象，这个尺度也成为他的形式语言，反之，表皮与构件的关系在康的形式语言中常常被隐藏起来（不同于柯布西耶热衷于用挑板边缘表现最小建造尺度的手法）。"在实验楼的结构图解中，我们可以看到与屈灵顿社区中心浴室相似的图形，主要的间隔为 16 英尺（约 4.9 米）的交叉空腹支撑结构把荷载引向外面，在内部形成了没有支撑的空间。它们之间次要的元素也是十字形的，并且有同样的构成方式"[4]。康用同构的手法逐层实现了材料的效率与秩序。（表 6-1）

表 6-1　康的尺度序列（在基本尺度序列基础上放大 5 倍）

视觉尺度	独立	体型	构件	节点	表皮	表面	备注
尺度	30 米	15 米	5 米	1.5 米	0.5 米	0.03 米	×5
尺度比	1	1/2	1/6	1/20	1/60	1/200	
视觉要素	1	8	64	512	4 096	32 768	
几何级数	2^0	2^3	2^6	2^9	2^{12}	2^{15}	
建造层次	独体	框架	堆叠	支撑	网络	编织	

虽然康注重构件和体型两个层级，但材料终将表现出差异化的建造尺度。对康而言，只有简单比例关系的图示是单调贫乏的，因此他试图把内部核心空间的"巨构"展示到外墙上来。"我终于明白，每一扇窗前都要有一片独立的墙相对而立。这堵墙从向天空敞开的洞口处接收日光，因此使窗户的眩光减轻，但又不遮挡视线。"双层墙是另外一种空心构造，主要被康用来过滤光，同时是容纳管道的空间。仅以光线的要求似乎不能解释设置接近半米厚独立墙体的意义，实际上他是用一种"巨构"的图示处理表皮的尺度，遮蔽了楼层窗户对整体形式的干扰，把墙体整体受力的状态以拱的方式投射出来。康完全承袭了万神庙中减压拱的做法，在拱的下部增加拉梁，让拱成为自足的结构，在整个砖墙的墙体内实现了受力均衡，并在外墙上形成新的视觉图示，就像建筑张开的眼睛。（图 6-3）

6.1.2　柯布西耶的尺度与层次体系

严格地说，现代主义建筑形式在其理论提出之前很早就出现了，甚至早于 19 世纪新艺术运动的形式探索。科技发展和经济要求让粗糙的形式野蛮生长，工程师和大众毫不关心形式究竟是来自历史还是来自理性，铸铁材料的使用彻底改变了建筑形式，1860 年英国建成的希奈斯海军船坞几乎已经具备了现代建筑的特质，无论方正的外形还是规整的带形窗。（图 6-4）

凡·德·费尔德 1894 就已经看到这一点，他说："工程师站在新风格的入门处，他们是当今时代的建筑师，我们需要的是产品有合乎逻辑的机构，运用材料要大胆合理，加工方法要直截了当。"[5]而工程师普遍的态度是，在极限的状态下是工程师决定了建筑的形式，建筑师的自由只在那些没有达到材料限度的形式当中。这些言论与本书的观点是一致的——至少在近代，形式是由工程师创造的，建筑师所做的工作不是创造，而是完形。在这种环境下，现代建筑的奠基人柯布西耶的言论也就不足为奇，他在《走向新建筑》一书中大声疾呼向工程师学习。

但是柯布西耶绝不会把形式的主导权让渡给他人，他内心是一个艺术家，也是一个形式主义者。他强调说形式是一种精神的事物，形式的评价体系不是工程师和结构理性主义者可以建立的，在与奥占方开始立体主义的尝试之前他就已经意识到，知觉和心理是建筑师最后的堡垒。维奥莱 - 勒 - 迪克很早就对铸铁的使用形式做了探索，许多做法明显来自工程技术专业，也体现了材料的合理性，但那些图示显得牵强而杂乱，这表明工程师或者理性主义者虽然可以从自然或实践中发掘形式，但他们无法让这种形式达到内在的和谐。更重要的是，在他们的形式中没有明确的层次序列。在拉布鲁斯特设计的圣热内维耶夫图书馆中，钢架被做成了无数拼接在一起的穹顶，本质上还是一种对砖石材料连续建造的直接模仿。虽然材料得到了有效利用，但层次对应的形式仍是贫乏的。他们并没有发现钢铁材料最适宜的建造方式。由于构件易于加工，节点衔接可靠，钢铁适合的形式是多层次的桁架构造，而非单一尺度拼接连续拱或者穹顶。正像本书第2章描述半坡聚落的"大房子"建造层次中所提出的，建筑尺度的发展不是通过单一建构的拼接实现的，必须在三维扩张的同时增加内部的层次（复杂度）。埃菲尔铁塔以及巴黎世界博览会的三铰拱展厅真正确立了钢铁材料应有的建造特征。

未来主义者圣伊利亚在其著作《未来主义建筑宣言》中提出："如果我们一方面追求混凝土构件的长度和细度，而另一方面又想获得穹拱厚重的曲线美和大理石般的质感，那么这样的建筑一定是怪异的。"他的言论似乎是针对旧形式的批判，但实际上他揭示了材料的厚重与轻灵的尺度差异，这种对立就是通过建造尺度表现出来的。（图6-5）1937年在巴黎举办的第五届国际现代建筑协会（CIAM）大会上，柯布西耶试图按照机器的尺度设计建筑，他指出："我们现代社会已经达

图6-3 印度管理学院夹层墙体上巨型拱

图6-4 1860年建成的希奈斯海军船坞

图6-5 拉图雷特修道院及马赛公寓中的尺度序列

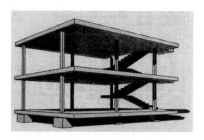

图 6-6   多米诺体系

成这样一个结论，为人类建造一个新的家园将成为判定一个文明特性的决定性因素。随着一种新的住宅形式的诞生，机器时代将迈入其第二阶段，即普遍建造的阶段。"随后柯布西耶在1942 年提出了他的多米诺体系（图 6-6）——居住的机器。

在建筑历史研究中人们对这种体系的认识颇多争议，有人强调这是为了满足与制造业衔接的需求，也有人认为这是对人体尺度的控制，但从材料的角度看，这个模型的目的是探索一套符合工业时代的视觉尺度序列。在这个模型中，建筑材料的层次非常清晰，楼板的厚度远远小于古典时代的要求，并具有良好的刚度。节点作为材料组织的外在表现形式不再出现，柱头、拱梁都消失在构件内钢筋不均质的分布中，并形成网络建造的体系。与其说它是钢筋混凝土这种材料的形式，不如说是许多不同种类的材料（板、梁、柱端，柱身配筋、强度各不相同）组合出的形式。这个标准模块的尺度序列成为整套视觉图示的基础。

在基于多米诺体系的萨伏伊别墅中，柯布通过新建筑的五个点展示了他的完形方式。萨伏伊别墅在设计上与传统欧洲住宅不同，轮廓简单，像一个白色的方盒子被细柱支起。水平长窗平阔舒展，外墙光洁，无任何装饰，但光影变化丰富。在1926 年出版的《建筑五要素》中，柯布西耶对自己的建筑提出了五个要素：①底层的独立支柱；②屋顶花园；③自由平面；④自由立面；⑤横向长窗。这五点反映了建筑的尺度序列，其中立面和平面自由是指体型层次的表达自由，底层架空表现了梁柱的构件尺度，挑板和墙体的边缘则代表了表皮的材料尺度。柯布西耶的体系在材料尺度上可以概括为三个层次，在独体建筑以下的五个尺度中，体型、构件和表皮是可以表达的内容，节点在体系中被隐藏，而表面的尺度被排除在序列之外以减少干扰（后来在昌迪加尔法院等建筑中发展了混凝土表面表达方式），因此他的建筑多采用均一的白色或者单色作为表面特征。我们可以将上一章节的典型序列放大 1 倍（柯布西耶的最小的模数为 0.2 米左右，对应墙厚和板厚），构件尺度为阳台出挑凹廊和门窗的高度等，约为 2 米，而建筑的体型变化则对应 6 米的柱网关系（退台、悬挑、架空等措施），最后形成的序列比例关系是 0.2∶2∶6=1∶10∶30，反映了当时混凝土工艺的尺度特征。表皮与构件的比值是 1：10，可以形成鲜明的视觉关系，但表皮尺度和建筑总体尺度之间的比例是 1：30 以上，已转化为线的形态。这样他就实现了以线、面、体为特征的实用、有效的尺度序列。（表 6-2）

表6-2 柯布西耶的尺度序列在基本尺度序列基础上放大 1 倍

视觉尺度	独立	体型	构件	节点	表皮	表面	备注
尺度	12 米	6 米	2 米	0.6 米	0.2 米	0.03 米	×2
尺度比	1	1/2	1/6	1/20	1/60	1/200	
视觉要素	1	8	64	512	4 096	32 768	
几何级数	2^0	2^3	2^6	2^9	2^{12}	2^{15}	
建造层次	独体	框架	堆叠	支撑	网络	编织	

在柯布西耶不同规模的建筑设计中，这种尺度序列具有普遍适应性。在马赛公寓中，纤细的表皮边缘勾勒开间的轮廓，形成各种体型尺度变化，最终和整体立面发生关系。这样立面分别以表皮和构件两个尺度代替了蒙德里安绘画中的线条和色块，并在画布——建筑整体立面上完成了视觉完形。这些表皮的尺度——阳台板的边、隔断墙边，甚至柱子都投射到立面上，像塞尚的画中静物一样被勾勒出来，而不是古典绘画中含糊色块的描绘。在柯布西耶的设计生涯中，探索并没有终止于这套体系。即使在纯粹主义期间，很多住宅设计更着重于体块联系，具有粗野主义风格的朗香教堂和昌迪加尔法院等代表了新的方向，尽管如此，他确立的模度序列在工业制造尺度与人的视觉比例之间建立了有效联系，成为现代主义的经典手法。

6.1.3 密斯的尺度和层次

密斯的尺度体系有更小的尺度，可以说当代的建筑图像化、表皮化都来源于密斯的尺度序列。早期密斯在砖结构建筑设计中就表现对材料极小尺度的偏好，其构图显然受到了这一时期风格派和立体主义的影响，风格派创始人凡·杜斯堡认为：新建筑应是反箱体的，也就是说，它不企图把不同的功能空间细胞冻结在一个封闭的立方体内。相反，它把功能空间细胞从立方体的核心离心式地甩开 [10]。（图 6-7）

在他的早期住宅作品当中，墙体呈旋转交错状延伸放射，在不对称当中获得视觉的均衡，同时内部的空间打破了古典建筑的封闭感，和外部呈现不同方式的交流，他坚持用单薄的墙体作为画面的主要元素，把板状墙体端部的细小尺度展现在建筑视觉中，这样他的建筑中除了墙体构件和体型，还有一个鲜明的构件厚度——墙体表皮的厚度，这种线与面组合的方式与马赛公寓中出挑楼板的轮廓手法是一致的，最小尺度的构件不仅代表了材料使用方式的变化，而且在视觉上形成风格派的图示。相对于围合的体系，这些墙体展示了材料使用方式的现代性。

他认为："要赋予建筑以形式，只能是赋予今天的形式，而不应是昨天的，也不应该是明天的，只有这样的建筑才是有创造性的。"[11]巴塞罗那德国馆是最早体现密斯"最小尺度"体系的作品。

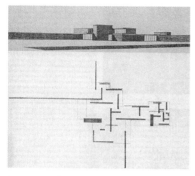

图 6-7　密斯乡村砖住宅中的风格派
构图

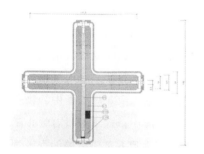

图 6-8　钢柱的精细构造来自工业制
造尺度

图 6-9　早期玻璃摩天楼方案还没有
考虑表皮层次的钢饰带等建
造细节，仅突出体型和表面
尺度与整体的关系

这个作品实质上就是风格派作品的立体化，在平面上，点、线以及围合的面以自由穿插的方式形成构图。然而与绘画不同的是，这里的柱子——点并不是视觉尺度的终点。在密斯建筑语汇中，必须把所有建造要素中最精密的尺度展示出来，于是他用十字形的钢柱将钢的翼缘暴露出来，这是当时人类在建造方面能达到的一种最小尺度——工业制造的尺度。（图6-8和图6-9）

与柯布西耶相比，密斯的材料尺度序列更加精密，柯布西耶隐藏在混凝土板中的细小钢筋在密斯的建筑中却成为用来展示的型钢边缘。钢结构翼缘尺寸可以减小到1~5厘米，这个尺度完全超出柯布西耶的模度体系，在密斯的视觉图示中，这个微小的尺度也可以借助光影表现出精密、硬朗的视觉效果。除此之外，玻璃框体等金属构件也被组织进这个体系。密斯的底层形式要素如此精细，体量又如此之庞大，二者之间被他的全面空间占据，没有任何形式要素。他的尺度序列与众不同，只有表面（表皮）、构件和独体三个层次，我们可以假定其最小建造尺度对应典型序列的表面尺度（0.03米）。但密斯的高层建筑体量巨大，超过了原尺度表的上限，我们取0.025∶0.5∶50=1∶20∶2 000作为他的尺度序参考。在他的图示中没有节点层次（他采用不同强度钢材，甚至采用合金，用材料强度差别消除力线图示），也没有体型的层次（他不做凸凹变化），尺度序列中存在巨大反差，表皮和体量之间尺度差异造成了形式的空洞，视觉无法从这个层次上获得足够的信息进行完形，因此密斯必须用另一种材料尺度解决体型单一带来的形式贫乏。在高层建筑的设计实践中，密斯还用幕墙外部龙骨的外饰工字钢构件（尺寸为0.1米左右）补充了表皮尺度的构造。这样整个序列变得更加丰富起来，成为1∶4∶20∶2 000。（表6-3）

表6-3　密斯的尺度序列符合典型尺度序列

视觉尺度	独立	体型	构件	节点	表皮	表面	备注
尺度	3~60 米	1.5 米	0.5 米	0.3 米	0.1 米	0.03 米	
尺度比	1	1/2	1/6	1/20	1/60	1/200	
视觉要素	1	8	64	512	4 096	32 768	二维立面
几何级数	2^0	2^3	2^6	2^9	2^{12}	2^{15}	
建造层次	独体	框架	堆叠	支撑	网络	编织	

在深入研究玻璃摩天楼的特征之后，密斯认为钢结构的建造尺度不可能表现雕塑那样的明暗关系，他认为大片的玻璃面能产生特殊的映像效果，通过倒映产生的丰富的形式变化可以成为构件和整体之间形式的填充。1921 年他提出了柏林腓特烈大街玻璃摩天楼方案，这个方案在当时显得大胆而前卫：他用玻璃包裹了整栋建筑，排除了所有墙体的表现，底层用巨柱支撑，强调了上部玻璃体的完整性，并暗示了外皮内骨的层级结构。这座建筑物的结构方式是通过独立柱子支撑的钢筋混凝土楼板实现的，所有的玻璃墙体不再紧紧贴着柱子，而是悬挂在向外悬挑的楼板上。密斯说过："我们拒绝承认形式的问题，只承认建造的问题；形式不是我们设计的目标，只是建造的结果；形式自身并不存在，如果刻意去追求，那就是形式主义，这是我们所反对的。"[12] 他反对只是为了视觉需要而刻意创造尺度，不反对通过完善尺度序列来丰富形式。在芝加哥滨湖大道 860 号公寓，以及湖景大厦 2400 号的立面上，他采用的槽型钢带外饰就很难解释为对建造问题的回应，在这个庞大的建筑立面上，仅仅依靠窗框分割形成的视觉力太弱小了，或者说仅仅靠表面的尺度做形式语言对于整栋大楼过于贫乏，单薄的线条不能把玻璃中倒映的湖景和天空清晰地划分开来并实现视觉的重组，因此他用突出的钢梁带和形成的阴影重新描画了这张玻璃画面，槽钢线条具有多个层次，就像哥特式建筑中的束柱，让构件的尺度层次更加丰富。

密斯的全面空间不做体型的变化，只有表面可以刻画，对他来说建筑的表面就是他的形式工具，密斯在建筑上描画得"浅"，因为他选择的材料尺度与他的建筑相比是一个微小的尺度。相反，柯布西耶用体型尺度刻写得"深"，因为他选择了其他材料作为画笔，材料就这样通过不同的模度序列展示出迥异的风格。

然而我们还是需要一个解释——那就是为何密斯坚持这种双重的均质而拒绝间断？如果匀质是必需的，为何又强调竖向的连续性而弱化水平构件，让水平和垂直形成对比？答案就在于尺度的层次表达，首先建造一定不是均质的而是层级的，这就是结构柱和钢饰带不可能在尺度上一致的原因，但这种不一致会形成特定的韵律，视觉就会首先集中在这个层级上进行完形，而型钢边缘的小尺度就会被忽视或导致混乱。格式塔心理学认为：数量达到一定级别的视觉要素，视知觉是以视觉密度方式认识的，人们自动会把加密的元素和变稀疏的视觉要素识别为远近关系，因此需要保证这种建造的均质性，才能清晰再现形体的真实。（图6-11）同时，两个方向钢构的尺度差异在视觉上产生了主导，它与芝加哥学派的传统手法"芝加哥窗"有异曲同工之妙。这也是格式塔心理学的一次

图6-11　视知觉中的质地梯度，西格拉姆大厦

操作验证，在建造方式不变的前提下，通过重组前后关系让视觉在一个方向上形成优势的整体感。这些尺度的推敲证明密斯的材料语言是在极小尺度的基础上操作的，他必须小心翼翼，因为他处理的是一个基于庞大数量级的精密网络。对人的眼睛来说，并不需要测量，凭知觉心理的本能就能感受到材料连续性上的微小差异和错乱。

在建筑学上，一旦尺度系列被选定了，建筑的形式就会受到一定的限制，不同层次的形式组织就必须符合视觉的规则。建筑上应用的钢材多数都是定型的，用这些不同的定型构件互相连接，或者与装饰构件结合，可以使建筑达到精致的尺度。当密斯用自己的尺度序列做好细致的划分后，玻璃就在分隔框后像一个画面把丰富的信息呈现出来。20世纪后半叶出现的形形色色的框架幕墙就是密斯尺度体系发展的结果。对密斯而言，创造符合时代的建筑尺度序列要比个人不断发明新形式重要得多，因为这种新建筑语言基于技术能达到的水平并具有推广的价值。密斯说：一切建筑都是与自己所处时代不可分的，并且只有应用它们自身所处时代的建筑语汇，才能具有表现力，自古以来毫无例外。密斯仔细研究了钢建筑艺术的要素，并且找到了一种联系结构材料和精神目标的桥梁。他不经常发明新形式，而是努力完善钢构的尺度序列，在这种尺度语言中，他自信连最小的声音都可以被听到。

6.1.4　富勒、奥托与当代的尺度和层次

即使密斯把材料的尺度减小到厘米，同时把尺度比减小到1/200，材料的层次化也没有停滞。现代主义不是尺度发展的终点，在二战结束后50年间，建筑师探索新形式的工作没有停滞。材料的形式并不是由视觉操作直接创造的，因此建筑师不能在已有的尺度序列基础上直接创造出新的图示。

二战结束之前，结构轻型化的先驱奈尔维就在混凝土壳体形式方面取得了卓越的艺术成就。他早期的一系列飞机库设计堪称经典，1957年他设计的罗马小体育宫（图6-12）更是展示了材料网络形式建造的典范。他说过：新形式发现之后，慢慢由研究予以改进，这种研究使形式更加接近真实，这种真实决定于支配着并将永远支配人类意志和审美观的客观法则。

受流线型影响的工业产品不断增多，它们在与我们的日常生活
直接接触时，必将产生一个感情上的嗜好和审美观的基础，构
成一个真正的风格 [13]。他已经看到材料由大尺度向小尺度、
由三维向二维建构转化的过程必然带来曲线的特征和隐含力
学形式的显现。

　　罗斯马南泰阿斯餐厅是由混凝土建造大师费利克斯·坎
德拉于 1957 年设计的，这座花瓣状的壳体建筑跨度达到了 30
米，而厚度仅为 4 厘米（尺度比为 1/750），是结构工程历史
上的不朽杰作。（图 6-13）他的钢筋混凝土结构尺度已经接
近钢结构，因此出现了近似的尺度表达特征。随着现代钢结构
的发展，纤细的金属框格甚至金属索网与玻璃可以搭配起来，
玻璃穹顶或者幕墙成为普遍的手法。这些幕墙已经比密斯时代
大大减少了，尤其是高分子材料硅胶（节点材料）的使用以及
钢索张拉系统的普及，使其在视觉上能达到的效果已经远超密
斯时代的构件内精细的尺度。约格·施莱希的作品大多表现了
索网玻璃体系的精巧，典型如汉堡城市历史博物馆的玻璃屋
顶。

　　开辟新尺度的材料还有张拉膜，虽然历史上也有类似的
膜材料和结构，比如游牧民族的毡房近似于一种编织体系，但
其性能和耐久性都差强人意。现代材料的出现为轻型膜结构提
供了新的选择。弗雷·奥托与约格·施莱希设计的 1972 年慕
尼黑奥运会主体育场就是现代膜结构的代表作。

　　对于轻质材料体系，受压和受拉的效率有显著的不同，
轴心受弯和受压会导致失稳和断裂，受压的砖石结构只好用过
度的冗余解决这个问题。但随着钢索这种超强受拉的材料的出
现，充分利用这种性能的轴心受力结构体系也逐渐成熟。巴克
明斯特·富勒提出的所谓张拉整体体系就是方案之一。富勒的
曼哈顿大穹顶应该是技术幻想的高潮。他在 1960 年构想出超
尺度的城市保护罩，用以轻质钢结构和玻璃为主要材料的纯
几何学技术构想来挑战建造极限。7 年后，他终于在加拿大蒙
特利尔博览会完成了一座高 200 英尺（约 61.0 米）、直径为
250 英尺（约 76.2 米）的钢结构球体建筑。而将近 30 年后，
诺曼·福斯特为英国威尔士国家植物园设计的大型玻璃温室穹
顶覆盖了 5 800 平方米。（图 6-14）

图 6-12　奈尔维的罗马小体育宫

图 6-13　罗斯马南泰阿斯餐厅

图 6-14　英国威尔士国家植物园

以张拉索膜为特征的形式代表了建筑形式发展的新趋向，正像历史上很多次风格变异那样，材料在走向尺度极限的时候，力的关系会以力线的形式出现在建筑当中，这种形式与其说是人类自主的偏好，不如说是自然对人的强制，或者说人对自然形式的接纳和崇拜。从原始人窝棚的斜角，到罗马拱券的半圆、哥特的尖拱，然后是高迪的悬链线，最后到富勒充满宇宙能量观念的张拉体系，建筑在发展中表现出对自然形式的妥协，直到人类再次打破能量限制，用更微观的材料分布方式获得更强大的形式手段，这个趋向才会再次回归到排斥力学图形的方向上来，就如同苏夫洛用铁扒钉连缀并再现的古典立面一样。

不过无论形状如何，形式有自己的轨迹可寻。当材料的截面被压缩时，构件数目会增加，节点也缩小且排列更加密集，接近我们表中几何级数的等级差异。这种薄的趋向最终把建筑的形象变成一种小尺度的集合，就像在艺术发展中从古希腊的圆雕到波斯的浮雕，最后是达·芬奇的壁画。这种表皮化、图像化的趋势与材料的发展是紧密联系的。超轻型层级结构的限定性决定了形式的自由度　形式变化不能打断材料受力上的连续，因此建筑的表皮不会出现"切变"或者"突变"尺度的形式。这样体型和构件层级就会以另一种方式出现——只能呈现连续的柔和的曲线，同时，肌理、质感、组织和色彩也成为当代建筑关注的焦点。（表6-4）

表 6-4　富勒及当代建造的尺度序列也符合指数差别的尺度序列

视觉尺度	独立	体型	构件	节点	表皮	表面
尺度	6米	3米	1米	0.3米	0.1米	0.03米
尺度比	1	1/2	1/6	1/20	1/60	1/200
视觉要素	1	8	64	512	4 096	32 768
几何级数	2^0	2^3	2^6	2^9	2^{12}	2^{15}
建造层次	独体	框架	堆叠	支撑	网络	编织

在形式的创建中，结构师的作用无疑是至关重要的，他们对于形式的思考建立在受力的模型基础上，对他们来说，结构自身的形式无关紧要，反而是构件之间的联系更为重要。材料与实际尺度之间必须建立联系，这种联系是通过图示表现的，完全一样的结构模式图不能适用于所有材料，只有在给模式图填上数值（确定外力级别）的时候，材料才在模式图内被选定。反之，在不改变体量

的前提下，一旦改变材料的时候，模式图（尤其是层级的关系）就要进行转换。这样建筑师就和结构师在图示方面进行了对话。汤姆·F.彼得斯（Tom F. Peters）教授把受力模型的研究方法定义为一种"模型思维"（model thought）。结构师也把建造理解为不同层级的构件，这样可以简化结构师的计算和比较工作，同时提供变化的视觉表达。"由此，理论家们将结构分裂为简单、二维的模型，诸如梁、柱、拱以及次级像悬臂梁、连续梁、联结梁等结构类型。通过铰接或刚接的方式将这些模型连接起来的新事物，也被称为新结构模型。结构师分析和测量每个构件，然后将它们组合为更为复杂的形态或者次级形态，并最终形成整个结构。一言概之，他们将结构定义为有等级的系统组成，自下而上分别是构件、连接、组件、次系统，最后是整体。"[14]

6.1.5 小结

如绪论所言，本书的意图是寻求材料的真实和形式的感知之间的联系。前面的章节已经建构了一个认知的框架，并明晰了材料与形式的联系——这种联系就是层次性。在物质世界，材料的层次性建造以真实尺度呈现，之后这种尺度关系在人的精神世界中被接受、理解和归纳。形式的形成和发展就是一个互动和反馈的过程。有鉴于此，我们可以尝试用这个框架理解建筑风格的问题，对历史的形式可以解释，对当代建筑可以评价，对未来建筑可以展望。这也是本书尝试用材料发展态度追索形式的目标。

很明显，现代主义建筑从古典石材体系中脱离出来，面对若干种结构尺度完全不同的材料——钢筋混凝土、钢和空心实体（砖的现代材料尺度），现代主义大师们面临的既不是技术的形式提炼问题，也不是形式选择问题，他们要在材料的不同尺度之间组织出一套适合材料自身特性的序列，使设计者的尺度组织在"间隔"的层次间进行，最终实现有序列的视觉完形。在对莱特的建筑风格解析中，汤凤龙认为："匀质的几何网格直指木构门窗这些以框架为基本建构模式的建构要素，而井格的秩序直指砖做这一基本的建构要素，可以图示为：

木——框架——匀质网格、轴心对位——无厚度和体积的面或者框架

砖——砌筑——图底网格、边界定位——有厚度有体积的体量

……要将两种体系统合在同一建筑中，使其间呈现出精确完美互不冲突的并存关系，唯一的方法就是在两种体系之间建立恰当的关联。"[15]

虽然莱特并未提出他的模数序列，但莱特的建构显然也是立足于材料尺度基础之上的。莱特的序列还有更大的尺度表达——在团结教堂中，控制总体空间构成的井格体系的源头是教堂中间四根巨大的作为设备管道的空心管，这和路易斯·康的伺服空间如出一辙，形成了礼拜堂中心逾30英尺（约9.1米）的方形空间。而且这个层次的建构也在外立面粗壮的体型上展现出来，形成了视觉的层次。空心柱这种材料组成了"巨构"框架，并形成了鲜明的体型尺度关系。

从以上内容我们可以理解，本章总结的尺度序列是一系列典型的应用手法，建筑师不可能在一生中只坚持一种尺度序列。风格多变的莱特在设计中就灵活运用了多种序列，这也说明了尺度序列的普遍价值。前文所叙的三种典型序列有助于加深人们对建筑设计的理解，大师们没有把建造中的

所有层次都展示出来，而是选择材料的最小尺度，精心提取需要表达的部分，让不同尺度在同一个体系中相得益彰，而不是放任它们肆意表达，这就是所谓的建构——也就是人对材料呈现的精心选择。（表6-4）

6.2 科技的发展对建造的影响

6.2.1 材料学的发展

人类发展的历史也是材料发展的历史，人类学从能量和材料的周期性演变过程中认识人类历史。材料学的发展对应了人类建造层次化的过程，经历了从天然材料到加工材料，再从复合材料到合成材料的过程。材料也从开始的自然、天然的类别扩展到可以任意组合性能进行材料设计的新阶段，材料的固有类别已被打破，如果固守材料本质属性，执着于材料的天然性，将无法面对当代材料呈现的纷繁复杂的现状。

材料的构造尺度不只停留在微观层级，介于构造设计和材料设计之间的层级就对建筑师和材料设计师提出了共同的要求，因此建造也需要与材料制备相互衔接，以应对从细微到广大的丰富尺度序列。

当代科技迅猛发展，新材料作为发明之母表现出划时代的变化。标志之一是人工合成高分子材料，从尼龙、聚乙烯等塑料到合成橡胶、工程塑料，以及其他高分子合金和高分子材料等，得到了广泛的应用。相对于人类使用最广的天然高分子材料木材，人造高分子材料的使用更加广泛，已经成为当前人类的最重要的材料之一，20世纪末其使用量在体积上已经超过了金属。人类今天的生产和建造规模已经超过了工业时代成千上万倍，但使用材料的总重量却没有相应的上升趋势，很显然，与人类文明拓展的速度相适应，我们正在使用越来越轻、越来越少的材料。

当代材料学最令人激动的成果之一就是低维材料的开发。人们认识到低维材料与传统材料具有截然不同的性质。比如纳米尺度的铝的硬度会提高8倍，而纳米尺度的碳材料在导电性、强度和塑性等方面都具有惊人的潜力。外延技术让人们得以精确控制材料厚度在原子级别，人们可以在单个维度上进行材料尺度的操作，在这个层级上，材料内在的组织方式可以改变，或者说人们可以按照自己的要求建造材料，材料的性能就在结构方式中体现出来，以不同构造形态形成的同种元素会有截然不同的性能。材料不仅需要限定为哪一种，还需要强调处于什么形态。材料呈现出多方向发展的趋势，最核心的内容是材料在微观尺度上的进展，材料发展已经进入了纳米尺度和分子领域，而这就意味着从最小的层次到宏观的结构，在材料构型中人类有了更充分的自由，随着材料科学的进步，材料种类和特性将成为一个过去式，代之以尺度和构造。

表 6-4 材料尺度序列表

路易斯·康的尺度序列	柯布西耶的尺度序列	密斯的尺度序列
基础材料尺度：0.5 米的砌筑墙体	基础材料尺度：0.2~0.3 米的楼板、0.3~0.6 米的柱子	基础材料尺度：0.01~0.05 米型钢边缘，表面尺度
围合为空心柱，构件尺度放大 10 倍，为 5 米	构件尺度：2~3 米阳台、凹廊、长窗等	表皮尺度：0.2 米左右外饰钢带，为常见幕墙尺寸，起装饰作用
体型单元 15~30 米，水平结构一般采用"梁盒"	体型尺度：5~8 米退台、架空和错落	构件尺度：0.6 米以上柱子、梁体系
体型单元再组织，成为 30~100 米的独体建筑		直接过渡至独体层级，没有体型变化，尺度为 30~60 米

6.2.2 建造技术的发展

6.2.2.1 BIM 技术

BIM 技术是一种应用于工程设计建造管理的数据化工具，其最大的特征是借助参数模型将项目中的信息整合在一起，在项目的策划、设计、建造、管理和维护的整个周期内实现信息的有效交流，解决了工程技术人员由于缺乏可靠交流渠道而造成的效率低下问题，它提供了一个平台，成为建造协作中各个团队工作的枢纽，这种方式能充分提高生产效率，也能节约成本、缩短工期。BIM 是英文缩写，其全称是 Building Information Modeling，国内一般翻译为建筑信息模型。美国国家 BIM 标准（NBIMS）对 BIM 下的定义由三部分组成：

（1）BIM 是一个设施（建设项目）的物理和功能特性的数字表达；

（2）BIM 是一个共享的知识资源，分享有关这个设施的信息，为该设施从建设到拆除的全生命周期中的所有决策提供可靠依据；

（3）在项目的不同阶段，不同利益相关方在 BIM 中插入、提取、更新和修改信息，以支持和反映其各自职责的协同作业。

BIM 对建筑设计领域是一次革命，使建筑设计告别了由 2D 模拟 3D 的图纸制作方式，让建筑设计更精确地表达工程的实际情况，防止专业间配合的缺失，同时与计算机模型的密切结合也让部件生产和制造与图形更紧密地衔接，在形式上获得更大的自由度。BIM 可以通过把 BIM 模型和进度计划软件数据集成，分析不同施工方案的优劣，从而得到最佳施工方案。对项目的重点、难点部分可以进行模拟建造，对施工或者安装方案也可以提前进行分析和优化。结合 DIM 模型、施工计划和工程量造价，可以使建筑业的备件备料实现"零库存"，可以充分发挥资金的效益。BIM 模型包含全面的信息，存储了建设项目从技术到管理的所有资料，具有传统图纸单一表达方式无法实现的价值。BIM 的应用为建筑业工业化解决了信息创建、管理、传递的问题，BIM 模型也为工业化建造方法的普及奠定了坚实的基础。BIM 大大加快建筑业的工业化和自动化进程，横向打通产业界限，纵向打通设计、制造、施工及管理界限，让建筑成为真正的工业品。

6.2.2.2 3D 打印技术

3D 打印技术是一种快速成型技术，它与数字模型紧密结合，让设计与制造直接对接，减少了生产中的诸多环节。对于建造的过程，这意味着直接把最顶层的整体建造和比表皮层级还要低的材料组织层级联系在一起，取消了中间的所有层级，如我们前一章所描述的，材料建造尺度的进一步缩减将导致视觉层次的任意表达，几乎对应了无限的形式自由。在这种技术的支持下，非线性就不再是模拟，可以在建造逻辑上得到完满的解释。

3D 打印的材料多种多样，一般的材料制备状态是粉末和液体，可以是金属或塑料以及其他可黏合材料。当前的 3D 打印技术一般用逐层叠加的打印方式构造物体，一般称为增材制造（additive manufacturing，AM）；与之相反，传统的制造业在毛坯基础上进行消减成型，相应地称为减材制造（subtractive manufacturing）。增材制造的方式可以与我们前文中提到的能量等级概念联系起来。当能量水平更高的时候，材料可以不必用多个层次完成建造，能量也可以一次性在成型过程中释放出来。这就需要现场的高温（比如金属粉末增材）或者化学能集中释放（热成型塑料的制备），相对于 20 世纪的焊接以及混凝土制备，当前的材料结合手段（也就是建造方式）进入了新的层级。

除了能量等级的提升，3D 打印技术对应的另一个技术进步就是建造精度的提高，传统的层级建造在多个层次中都具有误差，越是高层级误差越大，需要在建造中逐级将误差分散。而当代计算机技术提供的近似无限的精密度只能以模拟方式实现。3D 打印技术的特点在于设计精度和建造精度是一致的，其精度取决于成型材料的尺度，不再是混凝土板的厘米和钢结构的毫米，其打印层的一般厚度为 100 微米，即 0.1 毫米，可以实现与激光打印机相近的分辨率。因为建造的最小尺度近乎无限，因此建筑的打印机会完全准确地绘制图纸的内容。这验证了《建筑涌现》中温斯托克预言的能量等级的变化必然有相应的信息表达的说法。

当前的 3D 打印技术，一般局限于光敏、热敏材料，强调易用性，打印出的成果不耐久，易破损，但是用来打印建筑形态模型已经非常优越。3D 打印的材料在逐渐拓展中，2014 年美国海军就曾利用 3D 打印技术快速制造军舰的零件，近些年北京大学在医学上已成功应用了 3D 制造技术，为一个 12 岁的男孩植入打印成型的脊椎骨。打印技术不仅仅限于塑料等低温热熔材料，金属领域的打印制造技术（粉末冶金）起步早，更趋于实用化，中国航天技术人员成功采用激光 3D 打印技术试制出具有大温度梯度一体化钛合金结构试验件。

在建筑领域 3D 打印技术不仅用于模型制作，而且用于打印建筑。2014 年，上海张江高新青浦园区成功地制作了 10 幢 3D 打印建筑，用大型建造打印机按照电脑中的方案喷制而成，10 幢建筑仅花费了 24 小时。（图 6-27）这些建筑虽然还比较简单，只能用作临时办公用房，但是施工快速、设计灵活的优势无可比拟，随着材料发展和打印技术的成熟，这种建造必然会代替传统的工业预制加现场安装的方式。美国航空航天局赞助了南加州大学的"轮廓工艺"3D 打印项目，该校的比赫洛克·霍什内维斯教授介绍说，所谓的"轮廓工艺"项目就是一个打印机器人，其机械结构原理与真正的起重机或者打印机类似，一个桥式结构沿着两边轨道移动，为中间材料喷射扣也就是"打印头"提供 3 个维度的自由空间，X 轴和 Y 轴平面移动配合高度提升，逐层将房子打印出来。（图 6-28）

"轮廓工艺"的建造速度非常快，能在一昼夜内（不需要人工，所以不存在停工休息）打印出一栋几百平方米的两层建筑。目前已可以用水泥混凝土作为材料，用 3D 打印机喷嘴喷出高密度、高强度混凝土，逐层输出，墙壁和隔间、装饰都会一次成型，全程都依据电脑中预存的设计方案，由电脑程序操控完成 [16]。

6.3.2.3 机器人制造技术

机器人可以代替工人进行施工，用机器人有研发费用、生产费用和维护费用，但是和工人相比，节约了工资和维护费用。第二点是机器人施工的速度比工人快，精确度比工人好。这里的机器人类似于智能家具，由传感器、处理器和显示器 / 外设组成。比如，读到室内光照不足，就调整拉开窗帘。核心是接收数据，再做出反应。机器人既是设计工具，也是施工工具。设计师的任务从设计一栋静态的建筑变为设计一栋可对环境改变做出回应的建筑。机器人是 BIM 的天然施工接口。数字信息

图 6-27　张江高新青浦园区内 3D 打印建筑

图 6-28　"轮廓工艺"机器人打印建造的方式

图 6-29　机器人按照程序堆叠成型的建筑

模型的好处是一切数据有据可查，会使工程更加透明，同时节约计算工作。机器人和软件只是工具，公用信息平台可以使跨行业的人在同一个模型工作。计算机科学和建筑学的结合越来越紧密，编程成为建筑师的必修课。房屋设计会变得越来越追求能效和绿色指标。

德国斯图加特大学的阿吉姆·门格斯 [17] 是当代建筑师和机器人专家，他的研究聚焦于一体化设计流程，并且涉及领域形态生成设计计算、仿生设计策略以及数字化制造工艺，旨在通过交叉领域的共同作用实现高性能的建成环境。他通过仿生材料和机器人结合制造的实验建筑展现出惊人的技术潜力。他甚至预言："未来我们将聚焦于更深层、更灵活的机器人控制，如实时机器人传感技术，实现机器人轨迹的实时自调整。基于此，建造系统将更具适应性，甚至成为一种行为的物化过程。最终结果也不再是预设的几何形态，不再依赖于预编程序，而是由过程本身所创造。出乎意料，又在情理之中——这就是人机未来。"（图 6-29）

所有这些技术进展意味着建筑的尺度层级进一步扩张了，表面的单元可以缩减得更小。人类再一次提高了节点技术，在 3D 打印和机器人制造中，节点已经不需要人力进行装配和制造了，因此大大降低了节点制造难度并提高了强度、精度。材料连接从最早的接触摩擦，到绑扎和焊接，再到不需要人力操作，终于产生了质的飞跃。材料尺度可以在一定范围内任意地小，也可以任意地大，而且是在同一个建筑之中，不需要对工艺做任何调整。这种变化类似于当年的钢筋混凝土，建筑材料的分布可以隐藏在建筑结构内部，或者说建筑是由一种强度自由变化的材料制成的。如图 6-30 所示的椅子，在受力集中部位材料孔隙减少，节点加密，而在需要松软的部分，材料的层次结构也相应地变化，同时可以保证椅子的最外侧轮廓符合人体工学的形式。在这种情况下，建筑师和设计师不再需要为多少杆件或者多厚墙体瞻前顾后，结构真实和材料表现的矛盾在内部形式变化中统一起来，形式可以获得充分的自由 [18]。（图 6-31）

6.3 当代材料影响下的形式探索

6.3.1 变化尺度的表皮

在建筑表皮的尺度设计中，赫尔佐格和德梅隆独树一帜，他们对材料的深刻理解使他们的设计从不拘泥于材料自身的质感与形式，而是从组织关系角度切入材料应用。他们是充分利用材料尺度表现力的大师，几乎所有的代表作品都具有尺度的丰富变化，在材料的使用性能和艺术表达之间取得精彩的平衡。他们的设计真实再现了技术发展对材料尺度的影响。

他们在材料尺度方面最有创造性的作品之一是 2008 年北京奥运会主馆"鸟巢"，在该作品的设计中他们没有采用传统的受力体系加表皮材料的二级建造方式，而是把表皮和结构合二为一，让材料既承力又通过组织的方式呈现出视觉的完整性，该作品是通过将构件层级降低，然后与表皮层级合并实现的。（图 6-32）因此，做外支撑结构的构件截面相对于巨大尺度的建筑显得非常纤巧，这种把结构网络化的做法不仅仅使作品外观与鸟巢相似，在结构原理上还与鸟儿用细小材料建造的方式如出一辙。材料在空间的分布呈现一种更为均匀的状态，灰色钢结构体系形成了完整连续的表面，看似无序而暗含韵律，符合视觉心理的完形，在外观上丰富了视觉，具有一定深度的构架网络层次嵌套，打破了常见的层级结构带来的单调，也避免了不同层级间节点对整个系统造成的干扰，在表皮的浅和结构的深之间取得了精妙的平衡。整个结构兼表皮系统在复杂中表现出强烈的韵律，显示出简洁纯净的特征。（图 6-33）

德国汉堡易北爱乐音乐厅是汉堡的一个大型文化建筑。这个巨型音乐厅由一栋旧仓库改建而成。音乐厅外墙用形状不规则的玻璃拼接，形成波浪起伏的形状，与汉堡港波光粼粼的水面形成了呼应。汉堡港的表皮设计反映了材料尺度的灵活性，表皮上的开口和内部空间组成了一个层次，不同的开口方向和深度产生了幕墙波动的效果，表皮在这里超过了其固有的尺度表达，成为介于构件和表皮之间的一种构造。玻璃材料通过一次成型的波形洞口具备了阳台的功能，同时又是每个单元内的一个元素，在整个立面上这个有限度的尺度变化和二维立

图 6-30 打印成形的椅子内部具有不同尺度多层次的材料组织

图 6-31 感应功能的墙体呼应人脸的形状

图 6-32 北京奥运会主馆"鸟巢"

图6-33　用材料尺度做"语言"的多明莱斯葡萄酒厂

图6-34　德国汉堡易北爱乐音乐厅

面的组织结合在一起，形成了丰富而有变化的极浅空间。（图6-34）

随着技术的进步，设计师在材料尺度变化中有更多的自由，正如我们所见，层级再也不是一种在技术局限下的教条，它可以在尺度上融合，或者渐变，或者内部再构造。总之，当代技术带来的制造、加工业的进步，让材料不再以一种工业化的标准面目出现，在其尺度范围内，层级同时具有技术和美学的潜力。形式的创新可以从对材料尺度变化的发掘中产生。

6.3.2　构件的极小化和层次化

在构件极小化和消解结构这个方向，日本建筑师几乎做到了极致，柳亦春在《像鸟儿那样轻》中为日本建筑师所表现的"轻"感叹道："从技术的发展史来看，似乎所有的技术成果都有趋轻趋薄的倾向……从万神庙，到哥特教堂到柯布的多米诺体系，每个时代的创举都有着趋于轻薄的形式特征，这仿佛在告诉我们，未来是'轻'的。"这个结论与本书中的脉络是一致的。这种对轻的极限的追求让我们回想起现代主义初期密斯对建筑构件尺度所做的精细控制，还有柯布西耶为纯粹的形式所做的不懈努力。我们有理由相信这种精神是一贯的，正如自然对生物的形式筛选，在一个风格转换的时代，必须把无用的、无关的形式剔除出建筑的体系，然后才能在此基础上建立新的技术时代的尺度体系，就像柯布西耶的模度那样再次把形式和技术的现状联系起来。新的技术时代需要新的建筑尺度，正如格罗皮乌斯所言，把头脑放空，让上帝进来。

伊东丰雄的仙台媒体中心是日本当代建造形式探索的杰作。伊东丰雄在设计中追求的是一种"自由空间"，建筑的流动性和透明性成为重点。在这样一个大型的建筑中，无论如何减小柱子也不能实现视觉的弱化，于是他把柱子变成层次化的网络结构，这种变化令人回想起密斯当年在德国馆中将钢柱分解为十字形，不过密斯只是将钢柱二维层次化了，而伊东丰雄则是在更大的尺度基础上实现了柱子的三维层次化，这种构造方式并非建筑独创，早在20世纪初期，美国军舰的桅杆就是这种构型，而不是桁架结构。伊东丰雄用13根管状束柱结合成为螺旋组合柱体，这种做法似乎又与路易斯·康的伺服单元不谋而合。楼板几乎是柯布西耶的多米诺体系，最终采用了蜂窝肋的钢板楼面系统，厚度一度只有 30 厘米，在视觉上表现得很轻盈。伊东丰雄曾经把建筑比作一个可以捏扁的啤酒罐，在这种崩塌极限的追求中，建筑获得了材料的形式。（图 6-35、图 6-36）

另一位日本建筑师妹岛和世也尝试追求"轻"的极限。在金泽 21 世纪美术馆的设计中，她构思了一座一如既往的轻巧建筑。这座被透明玻璃围绕的白色扁圆形建筑从本质上解构了我们概念中的美术馆建筑，为了强调超级扁平的结构和超薄构件的视觉呈现，妹岛和世将功能上承重但在视觉上成为障碍的柱子分散开，将柱子变成纤细的森林。细长的钢柱和墙体共同起承重作用，承重墙错位并被镜子隐藏，细柱子给予大屋面局部的支撑并承受风的拉力。并不是我们常说的框架 - 剪力墙结构，真实结构的隐蔽和柱子功能的掩饰让材料表现出与现代主义的逻辑体系完全不同的图示。密斯打开了古典主义厚重的墙体，只留下钢柱和平顶，而妹岛和世则把这个最简的秩序也通过掩盖消解了。妹岛和世和伊东丰雄的设计都表现出轻、透以及平面突破原有功能模式的特点。不同之处是妹岛和世甚至通过掩盖去掉结构的表现，追求的是缩小从图解建筑到实际建筑之间的差距，伊东丰雄则延续了材料自身的逻辑通过层次化实现最小化。（图 6-36）

伊东丰雄描述妹岛和世的作品时说道：她的作品在设计上是明确、清晰的，而且非常易读，无论是平面还是完成后的图纸，都彰显出 diagram 的特质；妹岛和世建筑的力量来源于她做的极端的消减，从而产生一种空间图解。这种消减正是建筑形式对材料尺度的极致要求。

6.3.3 力学极限下的网络建造

无论是日本建筑师构件的层次还是欧洲建筑师赫尔佐格和德梅隆的表皮层次化都没有达到真正的材料极限。妹岛和世只是用镜子挡住了承重的混凝土墙体，而伊东丰雄无法消解楼板的沉重。真实的材料尺度极限层次是表面，就像一个玻璃啤酒罐那样实现真实形式和材料性能的完全一致。要实现这个层次的建构，不得不追溯到高迪的方法，高迪在吊拉悬链线的时

图 6-35 伊东丰雄设计的仙台媒体中心内层次化的柱子

图 6-36 美军舰"笼"式桅杆

图 6-36 金泽 21 世纪美术馆的柱子纤细程度在视觉上超过了巴塞罗那德国馆的尺度

图6-37 曼海姆大棚吊挂模型和实施后的效果

（来源：温菲尔德·奈丁格、艾琳·梅森那、爱伯哈德·莫勒等：《轻型建筑与自然设计：弗雷·奥托作品全集》，柳美玉、杨璐译，中国建筑工业出版社，2010）

候，就已经把材料用力的图示线消减了，而不是掩饰或者人为换成更强的材料。结构潜能释放后，材料才真正达到了极限。弗雷·奥托真正掌握了这种极限，他的研究指向了材料形式的本质，他在作品中表达出的材料认知再现了古代伊达拉里亚的传统拱与砖石那样精妙的联系。他塑造的曲线是自然的再现。

曼海姆多功能大厅是奥托的超越时代的探索，说他制作了未来的建筑也毫不夸张，这个多功能大厅在建筑学上的意义深远，那些对形式继承还是创新的争论相比之下毫无意义。这个建筑在1974年着手实验的时候计算机技术还未成熟，因此他的计算和高迪一样是从网和链的吊挂实验开始的，但奥托需要的是力的图示和关系，最终这个模型完成后经过计算机验算准确无误。铁杉木格子以50厘米的间隔组织起来，用螺栓固定，最厚的地方只有8毫米，用直径为6毫米的钢索把它们联系起来。最后覆盖以防水聚酯纤维织物。屋顶面积接近10 000平方米，主要跨度为85米，高20米，这样材料的结构尺度就达到了可怕的8毫米：85米——1：10 625，这已经是一种织物的比例，巨大的隆起像一条鲸鱼，里面的游客惊叹于柔和的阳光和在太空中失重的感觉。莱特说过——人像池底的游鱼，恰好可以形容这种尺度给人的感受。（图6-37）

另一位继承西班牙建构理念精髓的建筑师是卡拉特拉瓦，他的作品从来不拘泥于材料自身的表现，不像他的前辈高迪那样酷爱色彩，他用朴实的白色结构再现了骨骼系统一般精妙的形式，他的建筑好像一个巨大的胸腔，展示了材料的高效与形式的精巧。在他的作品中，力的传递关系得以清晰地表现，因此材料截面从拉力和弯矩中解脱出来达到最小的程度。卡拉特拉瓦设计的出发点是"将力的传递视觉化"，与其说他是建筑师，不如说他是有极高审美品位的结构工程师。即使用非线性设计的手段，也很少有人真正把结构视作设计出发点与核心表现意图。他在里斯本设计的交通枢纽，连接市际高速火车、城市轻轨、公共汽车等多种交通设施。为实现立体交通，他把车站站台建在一个悬空结构上，距地11米。候车广场的遮蔽结构采用一种复杂的设计，纤细的钢和玻璃结构就像棕榈树森林，以17米×17米的柱网紧密排列，光影通过密集的钢构"枝叶"照射在站台上给人以强烈的视觉冲击。这个作品可以看作卡拉特拉瓦对哥特式建筑的致敬，尖拱的排列和密集的肋架以及构件之间精巧的交接再现了哥特式建筑对材料的极限运用方式，但是轻巧和简洁又远远超过哥特式建筑的视觉感受。这个建筑真实再现了妹岛和世提出的"柱子的森林"，里斯本枢纽站的尺度就是构件向表皮的无缝过渡，展示材料在极限材料尺度下表现出的力的形式。力的路线在建筑中展示出来不是为了形式炫耀，而是形式的自然流露。正因为这种力是来自自然，才具有无可辩驳的真实性和说服力。当然并非所有的建筑都追求材料的极限，这种图示只是一个特定建造阶段的选择。在材料发展的过程中，技术带来的材料尺度变化终将在建筑中表现出来，并推动建筑形式的演进。

6.3.4 非线性与复杂度

"过去我认定有无重力的物体存在，现在我确信建筑就是无重力的，是可以漂浮的。"

——扎哈·哈迪德

表面的层次似乎已经是材料的极限，但在材料的发展变化潮流中，理性图示并不是建筑形式的终结，材料要在超越理性的基础上进行形式的表达。有一种趋势在近年的建筑设计中具有普遍性，那就是红极一时的非线性设计语言。非线性的图示不可能只从材料的真实性上得到解释。当代的非线性建筑实际上是一种形式模拟，是人们用建造匹配形式的反向过程。我们有三个理由可以解释非线性的存在：第一，科学的进步提供了新的形式图示；第二，形式的探索是超前和盲目的；第三，技术在追赶表达的需求。如果把这三个理由放到巴洛克风格或者新艺术运动的风格中去，就会发现这三个理由是完全契合的，也就是说每个时代都有自己的非线性，相对于技术发展，这不能说是"开创性"的创造。

在新艺术运动之前，维奥莱-勒-迪克就曾经试图创造一种基于理性精神的铸铁形式，然而他无法发掘出这种材料的全部表现力。新艺术运动接过了形式探讨的任务，因为当时的进化论已经发现生物界的自然曲线和力学的对应关系，新艺术运动的倡导者也试图创作具有类似于生物特征的流动的铁饰。这是一种对自然的盲目模仿，他们还不了解钢铁材料最重要的特性——加工的便利性和节点的有效性，因此钢铁必须以网络层级的形式对应力学的规律。这种探索终结于现代的桁架体系，成为形式发展史上的昙花一现。同样，我们今天面对微观世界分形的自然图示，在材料和技术无法突破的情况下，把望远镜和显微镜中的图像用现有建造手段在建筑上展示也就顺理成章了。尽管，若干年后可能会被嘲笑为无病呻吟，但今天的形式探索也必然成为历史的一部分。

作为非线性建筑的代表人物，刚刚故去的扎哈·哈迪德成就斐然，这位女建筑师在形式上的大胆实践与其数学天分是分不开的，她的图示正是当代科学发展的超前表现。银河SOHO是扎哈在北京的作品，这组建筑群从内到外都体现了她一贯的流动和有机的设计风格，她的一个设计主题借鉴了中国院落，在封闭的空间内创造内在世界，她同时也解释了这种圆润柔和的非线性形式是如何从钟乳石形成的过程中产生的。诚然，这栋建筑在功能和形式上是契合而完善的，但是其建造与钟乳石的形成在尺度模拟上存在不少的差异，这并非由于钟乳石的尺度比这个建筑更小，而是因为

图 6-38　哈迪德的银河 SOHU 在建造尺度之外叠加建造实现完形，建造本身在材料层级上没有突破，形式的完善来自材料和空间的额外消耗

图 6-39　哈维尔·塞诺西安·阿丰勒的"大鲨鱼"住宅

钟乳石是一种材料的层级，与整体相比近似一种表皮和生长的状态，而 SOHO 体形巨大，其楼层形成的尺度比与钟乳石相去甚远，因此不可能实现那种数量比基础上的有机形象。（图 6-38）

哈迪德创造的非线性世界是她模拟出来的，真实力学图示隐含在过剩的结构中，她用材料的浪费伪装出了一种不存在的受力状态。在剖面图上她几乎不画柱子以表现建筑整体生成的假象，在材料限度的制约下，她在一个传统框架建造的体形外包络表皮形式，用一种支撑而不是网络建造的方式遮蔽了材料的真实。她认为，现代主义有三种诠释，而她自己秉持融合的态度：现代主义的现代性将新的认知转化为现存造型的重组。这些新的形体成为新现实的原型，在其中，所有事物重组、溶解后重回原点。借由新方式重现新事物，我们可建立新世界并居住其中，即使仅经由视觉。在她的建造中，视觉是她需要表达的部分。建造的层次是否对应这种关系无关紧要[19]。

非线性建造应该有与之对应的建造方式和材料尺度，喷射、编织或机器人制造的方式才与之更加契合。仅追求非线性的形式自由而不顾建造层次和方式的更新绝非建造意义上的形式进步。其实真正意义上的非线性建造早在 20 世纪就出现了，当时的压力喷浆混凝土就是一种非线性造型的工具，哈维尔·塞诺西安·阿圭勒（Javier Senosiain Aguilar）于 1985 年在墨西哥城完成的这栋绰号为"大鲨鱼"的住宅就是超前的尝试，混凝土砂浆就像油墨一样塑造了他的非线性童话，这已经快被遗忘的建筑也许正是我们未来建造的方式。（图 6-39）

注释：

[1] Martin Pawley, "Technology Transfer," in *Rethinking Technology: A Reader in Architectural Theory*, eds. William W. Braham and Jonathan A. Hale（New York：Routledge，2007），p.299.

[2]《解读路易斯·康》，筑视网 http://www.zshid.com/?c=posts&a=view& id=284，访问日期：2021 年 10 月 1 日。

[3] Thomas Leslie, *Louis I.Kahn: Building Art*, *Building Science*（New York：George Braziller，2005），p.31.

[4] 克劳斯-彼得·加斯特：《路易斯·I.康：秩序的理念》，马琴译，中国建筑工业出版社，2007，第 42 页。

[5] 尼古拉斯·佩夫斯纳：《现代设计的先驱者：从威廉·莫里斯到格罗皮乌斯》，王申祜、王晓京译，中国建筑工业出版社，2012，第 10 页。

[10] 肯尼斯·弗兰姆普敦：《现代建筑：一部批判的历史》，张钦楠等译，生活·读书·新知三联书店，2004。

［11］安德烈亚·帕拉第奥：《帕拉第奥建筑四书》，李路珂、郑文博译，中国建筑工业出版社，2015。

［12］邹颖、徐欣：《现代建筑的承上启下：从柯布西耶与密斯的比较谈起》，《世界建筑》2006 年第 11 期，第 118 页。

［13］P. L. 奈尔维：《建筑的艺术与技术》，黄运升、周卜颐译，中国建筑工业出版社，1983，第 54 页。

［14］孟宪川、赵辰：《建筑与结构的图形化共识：图解静力学引介》，《建筑师》2011 年第 5 期。

［15］汤凤龙：《"有机"的秩序与"材料的本性"：弗兰克·劳埃德·赖特》，中国建筑工业出版社，2015，137 页。

［16］轮廓工艺房子，https://site.douban.com/112017/widget/notes/1521190/note/327021632/.

［17］阿吉姆·门格斯（Achim Menges），德国当代建筑师、研究学者，生于 1975 年，毕业于德国达姆施塔特工业大学（Technical University of Darmstadt）及英国建筑联盟学院（AA）。其研究实践聚焦于一体化设计流程，并且涉及形态生成设计计算、仿生设计策略以及数字化制造工艺等领域，在交叉领域共同作用下，实现高性能的建成环境。出版多本具有影响力的学术著作，包括 *Material Computation*、*Computational Design Thinking*、*Emergent Technologies and Design* 等。

［18］《设计师受蜂窝结构的启发开发 3D 打印仿生学座椅》，中国 3D 打印网 http://www.3ddayin.net/zx/11639.html，访问日期：2021 年 10 月 10 日。

［19］大师系列丛书辑部：《扎哈·哈迪德的作品与思想》，中国电力出版社，2005。

结语

"千尺为势，百尺为形。"

——《管氏地理指蒙》

在开放的材料表达中，基于材料的形式创作不是随心所欲的，而是技术与自然博弈的反映。其实这也不足为奇，自由就是对必然的把握——人必须在材料的束缚中再现形式，并选择观看的方式，这是通过材料不连续（层次）建造和人类整体（尺度）认知的相互作用实现的。

在本书的最后，有必要回顾主要观点，避免逻辑上的疏失并重申主旨。本书主要内容可以概括为材料的内容（开放性观念）、材料的表达（层次与尺度）和材料的规则（形式周期）。

材料的开放性观念

材料的开放性观念是本书的主旨。首先，开放的材料观建立在材构一体的认识基础之上，从物质的微观到结构的宏观，本书将材料视作一个层次化的尺度序列而不是一个孤立的存在。材料在任何时候都可以被看作一种承上启下的结构方式，同时该结构方式又在另一个尺度层级上表现出新的材料特征，这就回应了所谓建构主义者对材料与形式逻辑关系的诉求。材料以系统的方式存在，而非某个特定的尺度，因此建构也无法对应唯一的理性形式。在一系列层次当中，建筑师既然有尺度选择的自由，也就有了形式的自由。此外，自然事物的建构序列告诉我们，材料在不同尺度受到不同程度自然力的作用，因此尺度选择并非完全自由，它受制于人类把握能量的水平。由此建造的历史就和人类学的历史联系起来，成为整个自然系统的一部分。

其次，开放的材料观把人的知觉纳入材料的表现中来。正是因为人类视觉的特殊规律，材料不是无条件呈现的，而是由"看"的方式决定的。因此，建筑师的任务就是理解"看"的规则，用视知觉的规律匹配技术带来的层次与尺度变革，并在尺度选择的自由范围内建立需要表达的序列。建筑师的职责就是把材料、建造、视觉联系起来，这种创作观看方式的技巧是结构师或艺术家无法替代的。综上，开放的材料观在材料存在方式和材料感知方式两个方面拓宽了材料的视野，为建筑师在建筑形式创作中的主体地位提供了依据。

需要明确的是，本书对建筑材料的解读屏蔽了建筑的功能与文化要素，侧重于解释物质和表达之间权衡演进的过程，似乎抛弃了建筑的"内涵"，有形式主义之嫌。但正如柯布西耶所言，建筑师的工作不是评价那些来自不同阶层的价值观，而是通过使一些形式有序化实现一种秩序，这秩序是他精神的创造。他以他创造的协调在我们心里引起共鸣，他给了我们衡量一个被认为跟世界的秩序一致的秩序的标准，他决定了我们思想和心灵的各种运动，这使我们感觉到了美。胡塞尔也指出，理性给予被认为是"存有者"的东西，即给一切事物、价值和目的以最终意义。因此，本书开放性的材料观立足于建筑学本体，探求在建造的过程中形式与材料的对应关系，所谓的真实是"看"的真实，所谓的人是理性的人，而不是传承真实（符号）和寄托情感的人。唯其如此，才能获得超越不同历史、文化发展阶段的差异，让形式探讨在一个公平的前提下进行，让不同的人获得相同的话语权。同时，建筑功能的发展也是动态的，即使在现代主义的全盛期，密斯的"全面空间"也不是功能的结果。建筑的功能与人类行为的方式有关，正如本书最后一节中对未来建筑的构想所描述的那样，一旦科技手段能够改变人类行动的方式甚至人类自身，发展的要求就会反映到建筑当中。所以密斯强调"想做什么"不是建筑师的职责。对于每一次建造，"应该如何""不能如何"才是建筑形式要面对的课题。"应该"就是强调建筑必须面对具体的材料与技术，创造符合人类心理的匹配方式。

材料建造层级与视觉尺度

在本书中，建造被视作一种材料的组织方式。我们在自然中可以发现近乎无限的层级组织，这是因为自然可以用宏大的力量作用于所有层次的事物，从大到小，从多到少，从不懈怠，而建筑的形式无论如何精妙也不能像自然一样穷其究竟，只能是自然形式的一个部分，或者说是自然的模拟。因此，自然的无限层次在建筑视野中必须经过取舍成为有限的层次，这种层次特征是由人类把握材料的水平（也就是能量的水平）决定的，因此建造也是一种层次取舍的行为。层次在人的知觉中就表现为材料的尺度。

尺度不是绝对的大小，真实材料的尺度是动态的呈现。视觉尺度是相对的。中国古人早就强调了不同尺度层级的意义，并以形与势加以区别；中国风水观念认为，千尺为势，百尺为形，形比势小，势比形大。

势是远景，形是近观，势言阔远，形言浅近。

形是势之积，势是形之崇。有势然后有形，有形然后知势。

势立于形之先，形成于势之后。形住于内，势位于外。

形得应势，势得就形。势居乎粗，形居乎细。

势背而形不住，形背而势不畅。

势如城郭垣墙，形似楼台门第。形是单座的山头，势是起伏的群峰。

认势惟难，观形则易。

势为来龙，若马之驰，若水之波，欲其大而强，聚而专，行而顺。

形要厚实、积聚、藏气，由大到小，由粗到细，由远到近。

来势为本，住形为末。

——《葬经》

中国古代缺乏系统的形式理论，但古人对形式的认识却很深刻，国画很早就通过组织线与面的关系完成高度抽象的形式表达，风水家何晏有关"形和势"的论述揭示了通过尺度差异形成层次的方法。建筑艺术重视处理局部形体细节，使其各成体系，同时保持整体有机统一的意象。所谓"千尺为势，百尺为形"，千尺与百尺是量级的代指而非具体尺寸，深刻地表述了尺度序列的辩证关系，超过一定尺度的关系（10倍以上是泛指），形和势就成为完全不同的、相互对立依存的表达方式。对于大和小，尺度序列中当然也有具体的量，在本书中，具体的尺度是现代建筑建造技术的反映。虽然混凝土和钢铁各有最小的建造尺度数值范围，但具有普遍意义的指标是"量级"和"尺度比"，层级之间的差异不仅是大小之别，而且是数目上的指数关系，超过阈值，关系就发生变化，表达的方式也就随之转换。希腊神庙的光影特征是其构件——柱列尺度的反映，当构件数目成千上万倍增加后，今天的表皮建筑就不再强调鲜明的光影和序列关系，而转化为柔和复杂的曲面。因此，路易斯·康为了寻求光的效果必须放弃他早年追求的"簇群"而转向"空心"，相反，密斯只能告别自由的墙体才能实现表皮的韵律。

当代建筑往往以势而非形的特点表现出来。每个元素的形式价值减小，必然会通过有规则的组织形成形式，从而包含更多的信息。这是视觉规律，也是自然规律的表达。今天人类把握的能量等级已经决定了信息传递方式的演变。VR仿真技术让我们看到任何想看的东西，并获得相应的心理体验，但建造中层级关系的真实永远是形式的底层依据，因此VR也必须符合"量级"和"尺度比"的要求。20世纪的科技发展带来了微观和宏观视野的进一步拓展，人们终于发现富勒穹顶和富勒烯实际上建立在同一种材料组织关系的基础上，最大的宏观建造和最强的微观材料居然是同构的，并表现出共同的功能特性，这再次说明，内在的结构与关系才是物质世界中材料的真正含义。

材料与形式的周期规律

材料与形式的周期发展观是一个有意思的结论。基于这种材料 - 形式观念，当前建构理论的种种分歧甚至对立的观点都可以在周期中共存，也只有把各种对立的材料观放在历史中，矛盾才能得以纾解。以唯物的态度把自然、材料和人都纳入周期的定律中，似乎人在自然面前是无所作为的，有陷入决定论的危险，但这种发展的、开放的材料观并非物质决定论，相反，它强调了形式在材料作用下的周期性演变，阐述了建筑形式进化、停滞、迷茫和在新的起点上再次突破的过程，这种螺旋式上升的阶段性与人类学的发展观是一致的，符合历史的真实。如果说有决定的成分，那就是随着人类对世界认识的不断深化，对自然的改造能力也不断提高，这种永恒进化的观点也许会让人感到不安，但却是历史的真实。

下页的图表也许可以更清楚地解释本书对材料和形式之间动态关系的认知，从中可以发现那些来自本源的形式、理性规则的形式、层次发展的形式及激进肆意的形式是如何在材料和技术的历史发展中找到各自位置的。一种材料和技术体系在始创时都会呈现出一种本源的形式，这时候材料没有展示出全部形式潜力，会表达出对自然力的响应，这种响应关系是粗糙的、不精确的，但可以从中抽取形式的要素。随着材料尺度的推敲和技术（工艺）的进化，材料将充分实现性能，排除力学形式的干扰并表达出视觉的严整，进化为理性的形式。在这之后，材料性能极限的发掘不会停滞，材料的建造尺度会越来越小，层次会越来越多，形式开始向力学表达的方式靠近，建筑表现出一种繁复而符合力学规则的结构理性。在此基础上发展下去，当人类无法获得能量等级提升的情况下，或者说当材料无法进一步层次化的时候，形式将破碎、崩塌，转变为一种过剩的表达，直到新的能量等级带来新的材料或者材料结合方式，形式又将进入下一个周期。因此不同风格特征都是材料和技术发展中的必然呈现，每个时代都有各自的理性和感性、原型和匹配、简洁与繁复。形式并没有风格上的优劣之分，每个形式阶段都是体系中的一部分。超越发展周期对形式做单向度的选择和评价是盲目的、武断的。

总之，本书提出了开放的材料观，对比了不同认识论的形式推演过程，阐述了建筑材料从宏观到微观、从历史到当代的动态发展，揭示了材料以层次状态存在的实质，从人类知觉角度再现了建筑形式认知和完形过程。此外，本书还从材料与形式的关系角度解读、评价了当代建筑，并对未来做了展望。

本书的目的在于给材料这只"无形的手"提供一个新的理解方式，摆脱建筑设计中材料决定论和意志自由论的对立，不做猜测和臆断，多做罗列和归纳；不再把建筑形式看作材料基础上的个性演绎，而视之为 "大历史"中的再现与解读。借此，建筑学能得到自有的评价标准，建筑师也可以获得超然的创作态度。

材料与形式演化规律总结

	形式演变的方向			
	本源的形式	理性的形式	层次的形式	过剩的形式
材料技术的趋势，基于人类学的发展阶段				
			wer is a 3rd order hierarchical structure, ma...ts made of struts.	
		当代以编制为建造层次、三维打印为建造方式的形式正在发展，后续演变处于探索中。从表中可以看到材料强度过剩，形式就会表现为理性几何化，持续建造层化，材料又会体现力学形式，而在无法获得更进一步层次化时会进入形式过剩阶段		